JR東日本はこうして車両をつくってきた

多種多様なラインナップ誕生の舞台裏

白川保友・和田 洋
Shirakawa Yasutomo・Wada Hiroshi

JN246667

交通新聞社新書 118

はじめに

国鉄改革によって１９８７（昭和62）年４月に発足したＪＲ各社は、２０１７（平成29）年、いっせいに30周年を迎えた。そのなかでもＪＲ東日本は数多くの新形式車両を生み出し、新幹線の延伸や新路線の開設などを進めてきた。それぞれの車両や新線などについては、そのつど詳細な解説が公表されている。本書はそうした車両開発や運転計画の推移について、全体像をまとめ、関係者がどのような議論をし、どんな努力によって実現させてきたかをまとめたものである。

白川保友さんは１９７１（昭和46）年に国鉄に入社、運転畑を歩んだ後にＪＲ東日本に移り、２００４（平成16）年に常務取締役で退任されるまで、ほぼ一貫して運転車両部門で陣頭にたってこられた。30年の流れをまとめるのには適任の方である。

私事にわたるが、筆者（和田）は１９７０（昭和45）年に大学入学、鉄道研究会に入り白川さんの後輩となった。以来50年近くお付き合いをいただいている。今回の企画では、こうしたご縁があって、聞き役を務めることになった。

本書では和田が質問をし、これに対して白川さんが答えていくという構成にした。その時代の背景、ＪＲ東日本を取り巻く環境などの説明部分は、各章の冒頭や中間に適宜織り込み、読者の皆さんが理解しやすいように試みている。

日本近代史の分野では最近、「オーラルヒストリー」という手法が広がっている。歴史的な事象にかかわった関係者にインタビューして、当時の事実を掘り起こす試みである。ＪＲも30年が過ぎれば、もはや歴史を語る時期にきているし、当事者にはぜひ記録を残していただきたい。そんな意識でこの本が生まれた。

和田　洋

JR東日本はこうして車両をつくってきた――目次

はじめに……2
序　章　国鉄改革からJR発足へ……6
第1章　209系から始まる通勤・近郊電車の革新……19
第2章　通勤・近郊電車の標準車となったE231系……39
第3章　線区のニーズに合わせた特急電車のバラエティ……81
第4章　新幹線の高速化・多様化の歩み……121
第5章　E5系・E6系新幹線による高速化への再挑戦……159
第6章　国鉄型から脱却した気動車の開発と進化……181
第7章　最後の寝台特急「カシオペア」の誕生……197

終　章　劇的に変わった車両メンテナンス……214
コラム①　ＶＶＶＦ制御の話……76
コラム②　車体傾斜の話……119
コラム③　新幹線３列座席回転の妙……156
コラム④　新幹線の中国への輸出……158
コラム⑤　台車の進化……172
コラム⑥　大きく変わったパンタグラフ……178
おわりに……223
巻末資料　代表車両主要諸元表……226
巻末資料　形式別両数の推移……232

序章　国鉄改革からJR発足へ

１９６４（昭和39）年、東海道新幹線開業の年に赤字に転落した国鉄はその後一直線に経営が悪化し、１９８０年代には国鉄債務が国家財政を揺るがしかねない状況になっていた。１９８１（昭和56）年に設置された第２次臨時行政調査会は翌年に国鉄分割民営化の答申を政府に提出する。１９８３（昭和58）年には内閣府に国鉄再建監理委員会が設置され国鉄改革が一気に進むことになる。そして１９８６（昭和61）年11月、「国鉄改革関連８法案」が国会で成立し、１９８７（昭和62）年３月末をもって日本国有鉄道は38年の歴史の幕を閉じ、翌４月１日に６旅客鉄道会社と１貨物鉄道会社として新たなスタートを切ることになる。

東北・上越新幹線の開業で余剰になった１８３系・４８５系電車

――本書では１９８７（昭和62）年に発足したＪＲ東日本が、その後の30年の歩みのなかで、どのような考え方で車両開発を進めてきたかを伺います。まず民営化直前の国鉄の状

況を簡単にお話しください。

白川　１９８２（昭和57）年の東北・上越新幹線開業のころから民営化直前まで、国鉄の経営は国鉄再建監理委員会などの監視のもとで厳しく制約されます。投資は徹底的に抑えられ、新規採用も停止します。また国鉄自身も自助努力で大幅な経費削減と人員削減に必死に取り組んでいました。そういったなかでは技術開発や新規投資もままならない状況でした。

　車両でいえば通勤・近郊電車は20年以上前の設計の１０３系や１１３系、１１５系が主体で、陳腐化、老朽化が進んでいました。１９７９（昭和54）年に当時としては最新技術の電機子チョッパ制御を採用した２０１系が登場しましたが、コスト面から頭打ちになります。１９８５（昭和60）年に生まれた２０５系が、初めて軽量ステンレス車体と界磁添加励磁による回生ブレーキを採用し、ようやく次の世代への架け橋といえる形式ですが、全体としての停滞感は明らかでした。

　特急はもっと顕著で、東北・上越新幹線が開業して特急電車が大量に余剰になっていました。上越線の「とき」や東北線の「ひばり」は全廃になりましたから、使用されていた１８３系や４８５系は余剰になります。他の線区での増発、地方への転属などによって、

115系
普通

485系
北越

何とか活用しようと懸命になっていたくらいですから、新形式車を作る状況にはありませんでした。

――新幹線はいかがです。ＪＲ東日本が受け持つ東北・上越新幹線は、東海道新幹線に比べれば収益力は落ちます。

白川　１９８５（昭和60）年にようやく上野開業が実現しますが、東京までの延伸は工事が凍結されまだまだ先という時代でした。大都市を結ぶ東海道新幹線に比べて上野から離れるに従って輸送量がどんどん落ちていく先細りの構造ですが、一方で１００キロ圏の新幹線通勤輸送の需要は年々増加していき、運行計画作りに苦労していました。車両は雪害対策を施した２００系がまだ新しく、当面はそのままでいける状況でした。

――分割される新会社のうち、３島会社は収益基盤がぜい弱でしたから、国鉄末期に気動車などの新車は意識的に３島地区に投入されます。その分、本州３社は民営化後にがんばってという考え方でしたか。

白川　国鉄改革時の考え方はその通りです。３島会社は自力で車両を更新する力はないだろうと考えられていました。実際は民営化後各社とも新車を投入するなど頑張りました。

――分割民営化の動きが活発になったのは１９８５（昭和60）年前後ですが、ＪＲに移行

するまでには多くの難題があったと思います。

白川　１９８３（昭和58）年頃から、国鉄改革が動き出すのと併行して、職場規律の立て直しが始まります。品川客車区のヤミ手当問題などがいろいろ炙り出されてきていましたし、当時、保線区などでは「１日１作業」とか言って、１日にひとつの作業しかしないなど、現場の規律は非常に乱れていました。その改革に本格的に動き出したのが１９８４（昭和59）年頃で、当時私は東京南鉄道管理局の電車課長でした。一番大変だったのが電車区など運転現場の勤務時間内入浴の問題で、それを止めさせようとする当局と既得権を守ろうとする労働組合との間で、現場ではしょっちゅうぶつかり合っていました。また合理化計画も目白押しで、毎日団体交渉に明け暮れていました。

１９８５（昭和60）年３月に本社の運転局計画課に異動しますが、その頃の国鉄中枢部はできれば分割は避けたい、全国一体で経営したいという考え方が主流で、「分割すれば列車の運行に支障をきたす」という資料の作成を命ぜられたりもしました。しかし大勢は変わらず、６月に急きょ総裁が交代し、これを機に民営分割の準備に邁進することになります。１９８６（昭和61）年11月と設定された分割を前提にしたダイヤ改正の準備や、会社間協定の策定、貨物列車の列車掛廃止などの合理化、人員の再配置などの膨大な作業を短期間のうちに完遂しなければなりませんでした。

――1987（昭和62）年に入っていよいよ新会社発足が迫ってきます。国鉄本社はそのままJR東日本の本社になるわけですが、3月から4月1日にかけての本社内はどんな状況でしたか。

白川　私は運転局計画課の総括補佐というポジションで、最後まで残務整理をしていました。周りは新会社の運輸車両部に配属される予定の社員が総出で、引っ越しや美観のために自分たちで室内の壁塗りをするなど、新会社発足に向けての熱気にあふれてました。

――オフィスの引っ越しというと今は大騒ぎで、連休中にまとめて実施したりします。4月1日は水曜日でしたが、平日の31日、1日にかけてよくできたと思います。

白川　新会社の準備は3月中にはほぼ終わっていて、3月31日から4月1日へは何もせずに移行できる状況にしてありました。各会社に設立準備室ができていて本社から赴任する人事も3月までに段階的に行われ、旧運転局に残っているのはごく少人数でした。

――3月31日と4月1日にはいろいろなイベントがありました。

白川　幹部は午前零時に汐留で汽笛を鳴らす記念行事に行っていました。私は本社に残っていましたが、記憶にあるのは、各地から車両にJRマークの取り付けが完了したという報告が次々上がっていたことです。今思うと国鉄本社が全国の情報を集約する最後の仕事だったわけです。

車両部門と運転部門の一体化で素早くなった意思決定

――ＪＲ各社は、４月１日にスタートしますが、新しい会社の運行形態、運営形態、どのような組織にするのかはいつ頃、どこで考えたのでしょうか。

白川　１９８６（昭和61）年11月のダイヤ改正で、分割を前提にしたダイヤ、車両配置、乗務員担当などが先取りされ、さらに費用分担も含めた会社間の細かい協定を準備してありましたので、その時点で運行形態は決まっていました。

新会社の組織の案は総裁室文書課の担当だったと思いますが、肥大化した国鉄の組織を徹底的にスリム化するものでした。地方組織についても、それまでの管理局の組織から見ると相当コンパクトに縮小したものです。

ＪＲ東日本の首都圏で言えば、旧東京南・北・西３局は東京圏運行本部と改組され、本社直轄のような形で予算や人事などの計画機能はなく、現場のオペレーションだけを担当します。高崎局や水戸局、千葉局も運行部となり極めて限られた組織になりました。大井や大宮などの大工場も独立した機関から運行本部の一現場になりました。

――実際はＪＲ発足後にも組織はいろいろ手直しがあります。

白川　新会社が発足してみるとさすがに無理もあるということで、東京圏運行本部は東京地域本社になり、高崎や水戸、千葉も支社になりました。なお、東京地域本社はその後組織が大きすぎるということで東京・横浜・八王子・大宮支社に分割されます。

本社組織は当初案では施設部と電気部だったのをひとつにして施設電気部にしました。運輸部と車両部も合体して運輸車両部になります。初代の社長に内定した住田正二さんの一声で決まりました。

――国鉄時代は工作局（後の車両局）と運転局に分かれていた部門で、仲の悪いことで有名でした。それが一緒になったわけですが、最初は合併会社のように2つの組織に分けて仕事をしていたのでしょうか。

白川　車両部門と運転部門が一体化したことは非常にメリットがあったと思います。鉄道の商品は詰まるところダイヤと車両ですから、一体化すれば意思決定が早くなります。

――あれだけ犬猿の仲だった両組織がすんなり融合できたというのが、どうも腑に落ちません。

白川　運輸車両部は営業部門の一部も抱えて相当大きな組織でした。トップの人事も最初のころの運輸車両部長は車両局出身者だったり運転局出身だったりしていましたが、現在はどちらの出身という概念もなくなっています。車両工場と運転現場の車両検修部門も一体化しました。車両部門出身者と運転部門出身者でそれぞれ得意な分野は違いますが、担当間の人事交流も自由にできます。組織がひとつになってみると、国鉄時代はいかに内向きで不毛ないがみ合いをしていたか分かります。

後に運輸車両部はATOSやCOSMOS、デジタルATCの開発も信号・通信・車両・運転の専門家を集めたプロジェクトとして担当したことがありますが、これらのシステム開発ではユーザー部門と開発部門が一体となって的確な判断ができました。

民営化初年度は2系列170両にとどまった車両の新製

――いよいよ新体制がスタートします。国鉄から引き継いだ一世代前の車両が大量にあるなかで、車両計画についてはどのようなビジョンがあったのでしょうか。

白川　何よりも利益をあげて民営化を成功させなくてはいけません。社長に就任した住田さんは、国鉄が破たんした最大の理由は過大な借金だったという考えで、設備投資は償却の範囲内に圧縮し、借金返済を優先するという方針を打ち出します。従って車両の新製も限定的で、初年度は２１１系20両と２０５系１５０両にとどまり、廃車は１６５系が16両あっただけでした。車両メーカーの間には、民営化で新車発注は激減するという強い危機感が生まれた時期です。

新しい車両のビジョンといったものは、まだはっきりせず、新会社をアピールするイベント用の車両の改造などに力を注いでいました。初年度に計画以上の利益を出せて、順調なスタートを切ったことで、次年度以降、新車開発に意識が向くようになります。

――民営化後のＪＲ東日本は何といっても黒字を出すことが必達目標でした。社員の意識も大きく変える必要があったと思います。

白川　国鉄のころの実務部門には会社全体の「利益」という考えは薄かったと思います。ＪＲになってから、当然投資に見合う収入増があることを証明しなければ役員会の決裁が下りません。車両についてもトータル・ライフサイクル・コストという概念が生まれます。１０３系電車を長く使っていくよりも、２０９系電車のような新しい車両に置き換えた方が、修繕費が下がり、省エネ効果も含めて長い目で見ればコスト的に有利という考え方が認められ、車両の取り換えを積極的に進めるようになりました。

JR化後に新製されて京葉線に投入された205系は前面のデザインが変更になった

新体制スタート直後に、ＪＲ東日本は月次決算の作成に着手する。きっかけは、三井造船から迎えられた山下勇会長が役員会で、「いつになったら月次決算は出てくるのか」と質問したのに対して、誰も意味が理解できずに答えられなかったという一幕があったためだ。国鉄時代は月次で収入と支出の集計はあったが、管理会計を取り入れた月次決算の考えがなく、会長の叱責を受けて急いでシステム作りを進める。（『新幹線がなかったら』＝山之内秀一郎著＝による）

１９８７（昭和62）年６月末に、４月の月次決算が初めて常務会に報告されると、単月で８３６億円の経常利益が出ていることが分かる。ＪＲ初年度の年間目標利益をはるかに上回る金額で、幹部は仰天したという。発足直後で、収入は計画通りに入ってくる一方、経費支払いのための契約などが遅れて、支出が通常よりかなり少なかったためで、その後は単月では赤字になる月も出て平準化されるが、最終的には年間で経常利益７６６億円の好決算をあげることができた。毎日50億円の赤字を垂れ流していた国鉄時代とは様変わりの収支構造になる。

こうした経営環境の改善を受けて、ＪＲ東日本は新車の開発や新しい路線の開設など、積極的な投資に乗り出していく。次章からはその具体的な動きをまとめる。

第1章　209系から始まる通勤・近郊電車の革新

ＪＲ東日本は国鉄改革の象徴として、初年度から黒字を目指す経営方針が立てられた。しかし巨額の赤字を垂れ流していた国鉄が、一夜にして利益を生む企業に本当に変身できるのかとなると、懐疑的な見方も多く、新会社は手探りの出発になる。初年度は大幅な投資は控えられ、サービスの改善、トイレの改良といったソフト面での対応から始まった。車両の実態でいえば、ＪＲ発足時に在籍していた電車は、１０３系が２４００両、１１３系が１５００両など、国鉄時代の一世代前の主力車両が大量に使われていた。これをどう新系列車に置き換えていけるかは、発足したばかりのＪＲにとって大きな課題であった。

回生ブレーキと軽量化で省エネ効果を発揮した205系の増備

――スタートが危ぶまれたＪＲでしたが、初年度は本州3社を中心に予想を上回る収益をあげ、前向きの経営を打ち出す素地が生まれます。近郊形を含めた通勤形電車から、どのようにＪＲ車両が生まれていくか、お話を伺います。

画期的なのは１９９３（平成５）年に登場した２０９系ですが、それまでは国鉄時代に登場した２０５系、２１１系車両が増備されます。

白川　２０５系は地味ですが、安定したパフォーマンスも良い車両です。技術的には初めてステンレス車体を本格導入しました。ボルスタレス台車も最初で、何と言っても添加励磁による回生ブレーキの採用が大きな特徴です。普通の直流直巻モーターを使って高速域からの回生を可能にし、安くてシンプルに回生ブレーキを使えるようにしました。私が東京南局の電車課長時代に山手線に導入されます。新製車両はよく初期故障に悩まされますが、２０５系はほとんどトラブルがなく安定した電車でした。

――国鉄は２０１系で電機子チョッパ制御を実用化します。それなのに２０５系では抵抗制御に戻ってしまいます。技術的には逆行するような印象ですが。

白川　電機子チョッパ制御は高かったのです。大電流を制御できる半導体を組み込んだ装置の価格がなかなか下がりませんでした。それと重かったのです。

――２０１系は合計で１０００両作られます。それだけ作っても、価格が下がらないのでしょうか。普通は量産効果が出てきそうですが。

白川　国鉄は量産規模が大きいですから、一般的には構成部品の価格はそれなりに下げられます。ただチョッパ制御の場合は他の民生品とのつながりが少なかったのでしょうか、汎用品の半導体価格が劇的に下がったようなことが起きませんでした。その点、

205系はコストパフォーマンスが良かったのです。

――しかし抵抗制御の復活となると、省エネの面ではマイナスになりませんか。

白川　それ以上に回生ブレーキを広く取れるメリットが大きいのです。車体の軽量化と合わせて全体としての省エネ効果は十分発揮できました。個人的にはなぜ添加励磁が日本でもっと広がらなかったのかと思うくらいです。

――1段下降窓の採用も新鮮でした。国鉄では下降窓は失敗とされていたようですが。

白川　国鉄時代に工作局車両課の補佐で205系の開発に携わった久須美康博氏の提案だったようです。鋼板の場合はどうしても窓の下に水がたまって腐食します。205系は第5編成から下降窓になりましたが、ステンレスでしたからその問題がありませんでした。

――205系では混雑時に座席を跳ね上げる6扉車（サハ204）が登場し賛否両論を呼びます。

白川　乗客を荷物のように扱うと当初はマスコミの評判が悪かったです。当時私はJR東日本の広報課長でしたが、混雑の緩和と駅での乗降時間短縮による定時運転への寄与を上げて、全体としてサービス向上につながると説明した記憶があります。1990（平成2）年に試作車を作り、1991年に山手線を10両から11両に増結する際に全編成の10号車に１両組み込みました。

――乗客へのアンケート調査では、ラッシュ時の利用者からは乗り降りがしやすいと評価された一方、デイタイムの乗客には不評だったと言われています。

白川　ラッシュ時でも号車によって混雑度はバラツキが出ます。６扉車は混雑度の高い位置を狙って連結しましたから、乗降時間の短縮、定時運転にはかなり効果がありました。山手線の２０５系をＥ２３１系に置き換えるときは６扉車を７号車と10号車の２両にし、２０５系の６扉車は埼京線に転属し、混雑の特に激しかった２・３号車に２両並べて入れました。

ＪＲ発足後の初の通勤形の新車として２０９系の構想が生まれ、その試作車として１９９２（平成４）年に９０１系が３編成製作された。いずれも交流モーターをＶＶＶＦ制御する方式で、Ａ編成は川崎重工業が車体を担当、電気品は富士電機のパワートランジスタ素子を採用した。Ｂ編成は東急車輌製で東芝製のＧＴＯ素子を使用する。Ｃ編成は車体は川崎重工業とＪＲ大船工場が担当、三菱電機製のＧＴＯ素子を採用した。Ａ・Ｃ編成は従来のツーハンドル式だったが、Ｂ編成はその後の２０９系で採用

されるワンハンドルタイプのマスコンを使った。仏フェブレー社製の電気式ドアエンジンを試用するなど新しい試みも導入された。

通勤車の全面的なモデルチェンジにあたり、当時のＪＲ技術陣のトップだった山之内秀一郎副社長から「重量半分、コスト半分、寿命半分」とのコンセプトが指示された。そのために試作編成では製造会社からの提案を積極的に受け入れ、車体の組み立て工法も会社ごとに違ったものを容認した。内装についても川崎重工業製車両では、ＦＲＰパネルを取り付ける方式が使われた。

コストダウンを図るために、国鉄時代とは発注、調達方式を大きく変更した。車両に使用する機器、部品類はグループ企業のＪＲ東日本商事がまとめて購入して単価引き下げ効果を生み出す。海外の製品も積極的に導入するため、同社に三井物産から幹部を迎え、海外の支店網を活用した。

９０１系での実績をもとに、１９９３（平成５）年に量産タイプの２０９系が登場、京浜東北・根岸線に投入される。運転席のマスコンは左手で操作するワンハンドル方式が採用され、以後はＪＲ東日本の標準仕様となった。

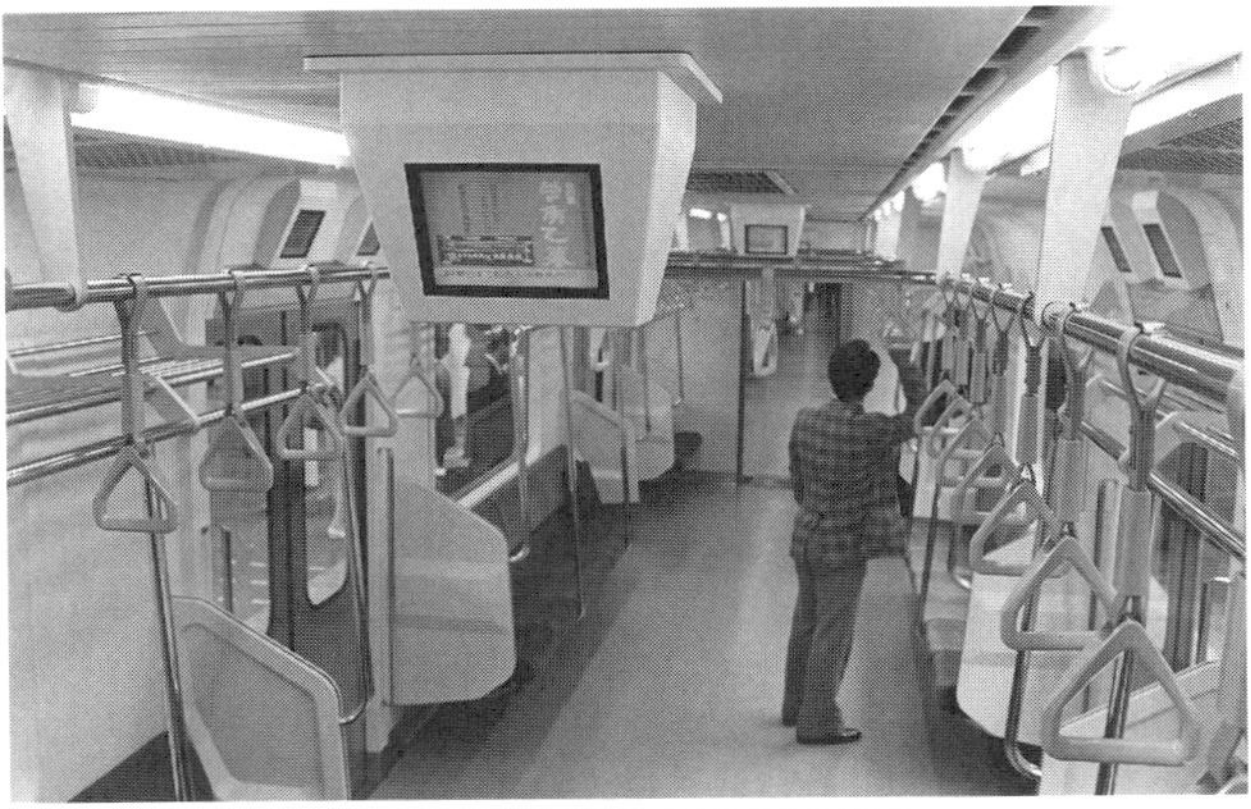

天井部に車内案内表示装置を取り付けた901系の車内

〝国鉄の常識〟からの大転換を図って登場した209系

――その後、いよいよ革新的な209系の登場になります。その前に常磐線に207系がありました。

白川　国鉄末期に製作した1編成だけの車両でしたが、VVVF制御を初めて採用しました。ここで色々なテストをして、その結果が209系につながったわけです。

――207系はJR西日本でも別設計の新車を製作したため、分割後に初めて形式のダブリが発生します。

白川　当時の経営陣からJR東日本の車両だと明示する方法がないかを検討するよう指示がありました。色々議論したのですがあまりいい知恵もなく、結局は形式番号の前にEを付けることに落ち着きます。1994（平成6）年からEシリーズが始まります。

――「価格半分、重量半分、寿命半分」という設計コンセプトは大変衝撃的でした。

白川　民営化したJR社内では、発想の転換が強く叫ばれていました。よく言われたのが、「国鉄の常識は世間の非常識」という言葉で、それまでの仕事の進め方を根本的に見直そうとしました。209系についても、設計、製作段階から改革しています。

――具体的にそれまでのやり方との違いを説明してください。

205系に組み込まれた6扉車のサハ204

白川　国鉄時代の車両製作は国鉄が主導して作成した基本設計をメーカーに伝えて、各メーカーが同じものを製作していました。それに対して209系ではかなりの部分をメーカーに任せて、コストや重量を軽減するための提案を広範に出してもらいました。そのため209系は量産車を東急車輛と川崎重工業が製造しましたが、作り方などで違いが出ています。これは後のE231系やE233系などにも引き継がれています。

――部品の調達、仕様なども随分変わります。

白川　海外メーカーの部品もかなり導入しました。ドアエンジンは仏フェブレー社製の電気式を使ってみました。ドアに行く空気配管をなくすことによってぎ装のコストを下げ、メンテナンスも楽になります。空気圧縮機にはドイツのクノール社製のスクリュー式を採用します。

――こうした海外メーカーの製品情報は国鉄、JRを通じて入手できていたのでしょうか。

白川　JR自身も海外の情報を積極的に収集していましたが、商社の力も借りました。部品の調達は一本化し、価格引き下げ効果を狙い海外調達を拡充しました。

――採用されたモーター（MT61）の定格出力は95キロワットです。国鉄時代の標準型はMT54で120キロワットでしたから、随分小型化した印象です。これもコストダウンの

ためですか。

白川　いろいろあるコストダウンの方策で大きな効果を上げたのがＭ車比率を減らして電動車４両・付随車６両の４Ｍ６Ｔにしたことです。ＶＶＶＦによって加速時の粘着性能が上がることを見越してＭ車を６両から４両に減らし、モーターも定格出力95キロワットと小型のものにしました。定格出力というのはちょっと分かりにくい指標で、モーターの力というよりは使用時の温度上昇の限界によって決まります。

――国鉄の新性能電車は最初のＭＴ46が100キロワットで、これでは勾配を上れないと瀬野～八本松（山陽本線）では151系などにＥＬの補機を付けました。出力を増強したＭＴ54の採用で問題がなくなったと教わってきました。ＭＴ46よりも低い出力で大丈夫だったのですか。

白川　勾配線区ではモーターに長い時間電流を流し続けるので、当然モーターの温度が上がりますから、定格出力を大きくしなければなりません。首都圏の通勤線区でも加速・減速でモーターの温度上昇がありますが、余裕を切り詰めて95キロワットで大丈夫と判断されたものです。「寿命半分」の思想です。

――マスコンとブレーキ弁が一体化したワンハンドル型を採用します。

白川　２０９系は京浜東北線に投入する予定でしたから、関係する４つの電車区の運転士を集めて意見を聞きました。年配者は２０５系の左が前後に動くマスコン、右にブレーキ弁のツーハンドルを支持します。若手は圧倒的にワンハンドルでした。その時に蒲田電車区の指導運転士が、これからは若手の時代だから、その意見を採用する方が良いと発言して方向が固まりました。

――これ以降は、特急車両を含めて標準になります。特に問題はありませんでしたか。

白川　何もしない右手の置き場所が困るという意見があって、取っ手を付けたくらいですね。

――試作の９０１系３編成の試用結果はどうだったのでしょうか。

白川　インバータをどの方式でいくかが一番ポイントです。結果的には三菱電機製が一番安定していました。

――チャレンジ精神で生まれた２０９系の成果と問題点はどうだったでしょうか。

白川　車体の製作方法を根本的に見直しました。「重さ半分……」はトップの強い指示によるものでしたが、現場ではそれを実現するために軽量化とコスト削減の手法を徹底的に検討しました。どういう構造でどういう作り方をすればコストを下げられるかという研

ワンハンドルを採用した209系の運転台

究です。

その過程で余裕度をどこまで取ればいいか、どこまで削れるかを探りコストダウンにつなげます。窓ガラスは熱線吸収ガラスでカーテンを省略しましたが、あまり問題はなかったと思いますが、Ｅ２３１系ではさらに吸収率を上げました。こうした車両製作の考え方はその後のＪＲの基本になりました。デザインも外部のＧＫインダストリアルデザインという会社に委託しました。従来にないいいデザインになりました。

――余裕を切り詰めて問題は出なかったのですか。

白川　当初はいろいろな不具合に悩まされました。特にフェブレー社製のドアエンジンの故障が多かったと記憶しています。ある時ドアエンジンの制御部で１００ボルトの電源と電子回路が基盤の中でショートしてドアが開いてしまうという事故が起き、緊急対策で回路を取り換えました。

それと窓です。扉間の大型窓は固定で、車両端の小型窓で換気する考えでした。固定窓だと製作コストがかなり下がります。ただ当初から、停電の時に十分な換気能力があるか問題意識はありました。実際に停電事故が起きて見るとやはり心配した事態が発生して、途中で改造して窓が開くようにします。

空転も起きました。４Ｍ６Ｔの編成はギリギリだったのです。ＶＶＶＦだから粘着性能は上がるのですが、雨が降ると空転が発生します。特に寒い日の雨ですね。水は温度で粘着性が変わり、４度くらいが一番滑りやすくなるのです。三菱電機に熱心な女性技術者がいて、尼崎工場からやってくるのですが、空転が起きた時の再粘着性能を高めるために制御ソフトに手を入れるなど、導入後も改良に努めたものです。

――国鉄時代の高コストを象徴するといわれた制度にＪＲＳ（日本国有鉄道規格）があります。ＪＩＳ（日本工業規格）とわざわざ違う独自仕様を作って、車両を含めた様々な機器、部品に適用していました。市販の汎用品を使えない制度でしたね。

白川　国鉄時代は図面の番号で部品の調達や管理をしていました。汎用品を使う場合はそれを国鉄の図面にして、ＪＲＳに合致していることが前提になりました。ＪＲＳは国鉄がリードして一定の品質や性能を確保するという点で功績があったわけですが、一方でコスト高につながるという批判もあり、結局は民営化の際に廃止されました。ただ最近では海外に輸出するためにきちっとした日本規格を定める必要があるということで、新たな規格を定めようという意見もあります。規格は囚われるのではなく技術の進歩に合わせて改定していけばよいのです。

横須賀線、総武快速線で使われていた113系の置き換え用に1994（平成6）年にE217系が製作される。209系の技術をベースに近郊形タイプの4扉、一部セミクロスシートとしたもので、モーターは209系と同じ出力95キロワットのMT68。

転換クロスシート車両導入の議論もあったE217系

――E217系は従来は3扉の近郊形電車を使用していた線区に4扉車を投入した最初の形式になります。その後の通勤・近郊形の融合を意識されていたのでしょうか。

白川　登場した時点では209系の近郊バージョンという位置付けでした。基本設計は209系と同じですが、ギア比を209系の7・07から6・06に変えて120キロ運転に対応しました。

――4扉ロングシートということでJR各社の通勤車両に比べると、アコモデーションでは少々見劣りします。

白川　混雑率にまだ余裕のある関西圏や中京圏と違って、首都圏では混雑緩和が優先するのは避けられません。そのため乗降時間が少なくて済む4扉ロングシートを採用しました。もっとも最初のころE217系とは別に、JR西日本の221系のような転換クロスのシート車両も入れたいという議論もありました。運用の工夫で最混雑時を避ければ東京圏でも可能ではないかと研究したのですが、うまくいきません。一番の問題は、横須賀・総武快速線は輸送障害が起きた時に東京駅で分離運転しますから、限定運用にはかなりのリスクが伴います。その代わりに編成両端の一部をセミクロスにしましたし、グリーン車は２両とも２階建てにして着席チャンスを増やしました。

――前面扉付きの運転台のスタイルがそれまでの車両と違ってざん新でした。

白川　品川～錦糸町間の長大トンネルを通ることと、ちょうどその時期に成田線の踏切事故で運転士が殉職したことがあり、衝撃吸収構造と運転士のサバイバルゾーンを確保するということであのようなデザインになりました。もっとも地下鉄と違って横須賀・総武の地下線はトンネル断面が大きく、さらにトンネル側面に点検用の通路があって、ドアからも避難できるので、７次車から前面扉を廃止しましたがデザインは変わっていません。Ｅ２１７系は２０９系のように廃車される車両はなく、ＶＶＶＦをＧＴＯ素子を使った方式からＩＧＢＴ素子の方式に取り換えたりしましたが、引き続き全車が健在で活躍しています。

1995（平成7）年には209系をベースにした交直流電車のE501系が登場する。常磐線の取手以北はそれまで、3扉の近郊形電車が使われていたが、土浦市などの地元自治体から常磐線快速電車の延伸、4扉通勤形の導入という要望が出されていた。混雑がひどいことも背景となって、中電区間への通勤形投入となった。交直対応機器による重量の増加や、最高速度が120キロとなることに対応して、モーターは定格出力を120キロワットに増強したMT70に変更する。通勤形の仕様で、上野～土浦間を中心にした比較的短距離の運用を想定したため、トイレを設置しなかった。その後つくばエクスプレスの開業で常磐線の輸送体系が変更されたこともあり、増備はされずに60両で製作が打ち切られた。

情報開示で苦労したE501系のドイツ製制御器

――209系に続いて登場したE501系は結局量産されませんでした。

白川　常磐線には国鉄末期の1986（昭和61）年に増発用に415系1500番代を入れています。車体や台車は211系に準拠していますが、増結で従来車と併結する必要がありましたから、電気品や制御方式はそれまでの415系と全く同じで変えていません。

E217系

上野
E501系

E５０１系は運用を分けて併結を考えませんでしたので、２０９系と同じＶＶＶＦ方式を採用しました。

——交直両用という以外に２０９系との違いはありますか。

白川　初めてシーメンス社製のＶＶＶＦ制御器を使いました。京浜急行で有名ですが、発車の時にインバータからドレミファの音が出ます。専門的になりますがベクトル制御という概念をいち早く取り入れ、性能的には優れていたようですが、アフターフォローの体制がなかなか大変でした。トラブルがあるとメーカーの担当者がドイツから来て、手直しや修繕をするのですが、当初の契約にないとかいろいろややこしくて、国内のメーカーとの関係のようにはいかなかったのです。

——何がうまくいかなかったのでしょうか。

白川　ひとつは情報開示が一切ないのです。どこが壊れていたとかそういう話がなくて、「取り換えたよ」「もう大丈夫」という感じなのです。それではユーザー側には何もノウハウが蓄積されません。勝田電車区が担当ですが、現場には相当不満がたまっていました。海外製品を使う場合の商習慣の違いなのですが、この問題はその後もいろいろなところで発生しまして、結局ＶＶＶＦ機器を置き換えるという結果になりました。

第2章　通勤・近郊電車の標準車となったE231系

ＪＲ発足から10年以上たった２０００（平成12）年の時点で、通勤輸送の主力は依然として１０３系が担っており、同年３月末時点で１２８２両が在籍していた。こうした老朽化した車両の置き換えのために新系列車両が計画され、同年からＥ２３１系が増備されていく。投入線区はまず中央・総武緩行線だったが、すぐに宇都宮線（東北本線）に一部セミクロスの近郊タイプが配置される。同系列の発展形であるＥ２３３系を含めて、首都圏の主要路線で使用される。従来の通勤形線区にも、車体幅の広い裾を絞った形態の車両が投入される一方、近郊形線区には４扉車が配置されるようになり、それまでの通勤形・近郊形の区別が事実上なくなり一体化した。列車の運行制御にデジタル伝送方式を導入して電気回路の大幅な圧縮を実現するとともに、各車両の機器の状態を監視するモニター機能を拡充させたＴＩＭＳ（列車情報管理システム）を搭載して、安全管理の充実や点検作業の省力化を実現した。

Ｅ２３１系で確立された汎用性の高い通勤・近郊形の標準車両

――Ｅ２３１系はＪＲ東日本の標準車両となるばかりか、私鉄にも導入される画期的な車両でした。いろいろポイントがあると思いますが、設計段階から通勤形・近郊形を統合す

る車両という構想だったのでしょうか。

白川　標準化車両にしたいという思いがありました。投入する線区によって変えていくのではなく、汎用性の高い標準車両に育てようとしました。

――分かりやすい例が車体幅です。それまでの通勤形はストレートタイプに決まっていました。

白川　通勤電車はストレートで中電はみな広幅裾絞りです。実は山之内副社長が既成概念にとらわれているのはおかしい、「全部ストレートでいい」という意見だったのですが、私は逆に広幅の方がいいという意見でした。車体幅を広げると混雑率は下がるわけですし、近郊形の一部にセミクロスを入れるうえでは車体幅が広い方がいいわけで、結局広幅に統一しました。広幅車体は２０９系５００番代から採用しました。

山之内秀一郎氏の『ＪＲはなぜ変われたか』には通勤車の車体幅に関する次のような記述がある。

「私はコストの安い直線型の車体の方が良いのではないかと思っていたのだが、運輸車両部からは幅の広い車体を採用したいという答えが返ってきた。その方が電車の

定員が増加するので若干ではあるが混雑の緩和になるからだという。その結果、２０９系の次の世代の車両としてＥ２３１系が誕生した」

白川　注意したのが車両基地の留置線の線間です。昔の国電の時代に設置された古い車両基地はみな線間が狭く作ってありますから、そこに広幅車を入れて問題がないか、安全性や作業環境に支障がないかを点検しました。問題にならないことが確認できましたので、通勤形の広幅化に踏み切ったのです。そうなると通勤形と近郊形を特に区別する必要がなくなり、加速力などの性能はソフト面で対応できるから今後はＥ２３１系で統一しようという流れになります。

広幅裾絞りにすると車体側面の歪みが目立たなくなり、頑丈そうに見えるという副次効果もあったと思っています。

——中電を４扉にすることは車両の標準化の要請ですか、それとも混雑緩和ですか。どちらの面が強かったのでしょう。

白川　東海道・宇都宮・高崎線ともに、混雑率が相当に高くなっていて、駅長などから４扉の要請が高まっていました。それなら車両は４扉で統一しようとなったわけです。その時に全車ロングシートにするかが議論になりました。すでに２１１系は途中から全車ロングシートになっていましたから、ロング派が大勢だったのですが、宇都宮や黒磯まで行くのに少しはクロスシートを残しておきたいと思いました。遠距離地区の駅長からはクロスが欲しいとの要望があったのを理由に、編成の端の方にセミクロスを残しました。

――週末の熱海行き快速「アクティー」などを見ていますと、セミクロス車の方が混んでいたりします。グループ客や家族連れがお弁当を食べるのに重宝しているようです。

白川　３扉車の場合はロングとセミクロスでは乗降の際の時間に差が出ます。ところが４扉になるとほとんど変わらないのです。それならばというので、だんだんセミクロスの比率を上げていきました。

――相模鉄道でもＥ２３１系を導入して１０００系として使用します。

白川　ＪＲは標準化によって相当のコストダウンを実現できました。同じ手法は私鉄でも使えるのではないかと、ある時期から「一緒に標準化車両を作りましょう」と呼びかけていました。ただ私鉄は長い伝統の中で車両にもこだわりがありますから、簡単には進みません。相鉄の場合も伝統的に直角カルダンを使っていましたが、ある時期にＥ２３１系がいいので売ってほしいという話が出て、実現しました。先頭車のお面は相鉄の独自のものになりましたが、車体や電気品などはすべて共通です。電気品はＪＲ東日本が一括して購入して、数のメリットで価格を安くします。１００００系は東急車輛と一部を東急車輛の下請けとして新津車両製作所でも製作しましたが、新津車両製作所のモチベーションアップにつながりました。

同じような考え方で都営新宿線の10－３００形も生まれます。こちらは地下鉄の車両限界からＥ２３１系８００番代と同じストレート車体になりました。東急電鉄の車両も東急車輛で作りますからいろいろな部品は共通化しています。

画期的だった車両制御回路へのデジタル伝送方式の導入

――車両の制御にデジタル伝送方式を導入します。画期的な変革だったようですね。

白川　いわゆる引き通し線、ジャンパ線の問題です。電車に限らず鉄道車両は編成をまとめて制御するために電線を引き通し、電流のオン・オフでリレーや電磁弁を動かしていました。この方式は戦前の旧型電車から綿々と続いていた方式で、旧型国電で標準タイプの制御器だったＣＳ５以来、在来線の電車の配線番号はずっと踏襲していたのです。例えば１線は常時加圧１００ボルト、２線が２ノッチ指令で３線が３ノッチ指令、４線が前進で5線が後退というようなわけです。

電車の機能が向上し複雑になってくると、配線もどんどん増加します。特に多かったのは国鉄時代に作った381系特急車だったかと思います。100芯のジャンパ線が2本くらい必要でした。私が国鉄に入りたてで381系が配属されていた長野運転所にいたころ、重いジャンパ線をつなぐのに苦労した思い出があります。

引き通し線の問題で一番怖かったのが配線の間のショートによる故障や事故です。ジャンパ線の中に雨水が入って隣の線とつながってしまうとか、トイレの水が配線の継ぎ箱に紛れ込んでショートしたりします。

――国鉄時代にかなり危ない事故があったようですが。

白川　総武線の101系でノッチが切れなくなったのです。モーターと車輪をつなぐ撓《たわ》み継手という部品、部内ではトンボといいましたが、これが割れて破片が引き通し線に突き刺さってしまいました。その結果、ノッチをオフにしても力行が切れなくなります。ブレーキをかけてもモーターに電流が流れ続けているので止まりません。最後は運転士が機転でパンタグラフを下げてようやくブレーキが機能して停止させることができました。

国鉄本社で電車検修の担当補佐をしていた際に、こうした引き通し線が原因となる故障が何度もありました。ホームと反対側のドアが開いてしまうといったようなことです。当時からこんな原始的な電線によるのではなく、もっとＩＴを使って簡素化したいという思いを強く持っていました。

――それをＥ２３１系で実現させたわけですね。

白川　この時は、私は本社の運輸車両部長で直接の責任者でしたから、後輩で車両担当だった由川透さんや新井静男さん、それにメーカーの三菱電機と協力して推進しました。技術は２００系新幹線電車で使ったモニター装置が母体になります。２００系当時は8ビットのマイコンでしたが、どんどん進化してコンピューターの性能も上がり、６５１系や２０９系などにもモニター装置として使われていました。この技術の延長線上にあるということです。

必要な線を絞っていきます。まず電源線とデジタル信号を送る通信線は必要です。それから保安上必要な線、例えば戸閉表示灯は安全上重要だから別回路で１本とか、非常用の保安ブレーキといった線は残しますがあとは思い切って削減しました。この結果、２０９系では80本あった引き通しが15本に減りました。

――事故のリスクが減ることはもちろんですが、配線が減ることによるメリットは他にも

あったでしょうか。

白川　物理的に車内を引き回しているゴム被覆の線が減りますから、車体が軽くなります。それから車両を製作する際に配線のぎ装が簡単になります。これは大きなコスト減につながります。名前をＴＩＭＳ（Train Information Management System）と付けました。世界初の試みですがこれは思いのほかうまくいきました。

――業務面だけでなく、乗客へのサービスなどにも活用されます。

白川　例えば空調です。ＴＩＭＳにカレンダー機能があって、その時期に合わせたクーラーの制御ができます。車両ごとの混雑度は空気ばねの圧力から検知できますし、室内温度も分かるので、きめ細かい設定が可能になります。一部のドアだけを開けるという個別の設定もアドレスを入れることで簡単になりました。それまでの方式では、そのために１本の引き通しが必要でした。

効果を実感したことがあります。たまたま指令所にいた時に電車が急停車して、パンタグラフがセクションにかかっていました。そうしたら指令が「エアセクションにかかっているから、何番パンタだけ上げろ」と指示しているわけです。これもＴＩＭＳを使って個別のパンタグラフの操作ができるメリットです。

近郊タイプのE231系に設けられたクロスシート

モニター装置を取り付けたE231系の運転台

もうひとつ、どうしてもやりたかったのが出区点検の自動化です。運転士は車両基地から列車を出す時に、車両が正常な状態であるかどうかを必ずチェックします。前日の夜に入庫してパンタを降ろします。翌朝は運転士が車両の連結面にある引きひもを引くなどしてパンタを上げ、圧縮空気が溜まるのを待って両側のドアを開けます。編成全体の車内と周りを歩いてドアの状態、前照灯や尾灯の点灯の確認、床下のコック類がきちんと正常の位置にあるかなどを確認します。通常は前の晩に止めたままの状態のはずですが、夜中に緊急の点検をしてコック類を動かしたかもしれないし、極端なケースでは妨害行為のことも考えなくてはなりません。前照灯や尾灯の球切れも考えられます。最後に編成のどちらかの先頭車に付けている手歯止め（あるいは手ブレーキ）を外します。乗務員になる時の教育はこの出区点検を徹底的にやらせます。雨の日は傘を差して点検しますが、そうすると安全上の問題も起きます。色々な面で無くしたかった作業です。

――時間はどれくらいかかるものですか。

白川　編成によっても違いますが、だいたい20～30分です。これをＴＩＭＳが手順に従って自動的に行います。運転士は運転台のモニターを確認するだけです。ドア動作はモニターに全部表示されます。コック類はブレーキをかけた時のＢＣ（ブレーキシリンダ）

圧を測ってきちんと開いているかが分かります。前照灯、尾灯は電流を測ればいいわけです。最後に残ったのは手歯止め外しで、これは現場に行かないといけません。これをなくすには駐車ブレーキが必要で、エアが抜けた時はバネでディスクや車輪を押さえるものを取り付け、TIMSで遠隔操作することによって手歯止めを省略できるようにしました。

――E231系ではドアの上にモニター画面が設置され、ニュースなどが流れています。

白川　もともとのルーツは山手線に6扉車を入れた時にサービスの観点から小さな液晶モニターをドア横に付けてニュースを流したことです。これをどうするかが議論になって、せっかくならドアの上にそれも2台付けようという提案が出ます。コストの点からは1台でいいという意見もありましたが、当時の大塚睦毅社長も加わった会議で結論をだすことになりました。最終的には社長の決断で2台になったわけです。

――いろいろな使われ方をしていますね。

白川　1台はTIMSと連動して乗客案内用の情報を流しています。もう1台はトレインチャンネルという形でCMを売るようにしました。最初は「従来の車内広告が売れなくなる」という反対意見も出たのですが、そんなこともなく、現在は広告の稼ぎ頭になっているようです。ドア上モニター装置は当初、山手線500番代だけに導入したのですが、

Ｅ２３３系からは標準装備になっています。私鉄の電車にも導入されています。

――Ｅ２３１系だけでなく最近の車両は座席の下が開いていますね。

白川　座席下の暖房器を椅子の裏側に付けるようになっています。これは車内清掃をしやすいように配慮したものです。従来の構造だと暖房機の周りのごみを清掃する手間がかかっていました。汚れの溜まる「角」を極力少なくするなど清掃しやすい工夫を随所に取り入れています。

――ところでＥ２３１系の試作車は２０９系９５０番代と付番されます。全く設計思想が違うようですが、どうして２０９系と称したのですか。

白川　２０９系は先ほど述べたように、画期的な車両でしたが、ＶＶＶＦの技術は新しい半導体素子が登場するなどどんどん進歩しておりましたので、次世代の車両を開発する時期だと考えておりました。一方で「既に定着した車両があるのに、なぜ技術陣はすぐ新しい車両を作ろうとするのか」という意見が事務系の幹部から出たこともあって、２０９系の派生系列という名目で試作に入りました。正式に量産化する時には、中身は全く違うので新しい形式を起こしたわけです。

一方でＥ２３１系は２０９系のコストを上回らないよう細心の注意を払いました。ＶＶ

ＶＦの半導体素子をＧＴＯからＩＧＢＴにすることで主回路のコストが下がり、ＴＩＭＳによってぎ装コストの低下も寄与してそれまでより格段に機能が向上しても２０９系と同程度の価格になりました。

――国鉄時代は新形式車を配置すると組合との交渉が大変なので、やたらと既存形式に枝番を付けていましたが、似たような手法ですね。ところで形式番号の付け方ですが、Ｅ２１７系からＥ２３１系に飛んでいます。電車の世代交代を意識したのでしょうか。

白川　次世代の画期的な車両だという考え方から単純な追番の形式にはしませんでした。３ケタの形式番号の十位で用途を区別していましたが、通勤形、近郊形の区別も無くなり、今は特急とそれ以外というグループになっているという認識です。

Ｅ２３１系の発展形として、２００６（平成18）年度からはＥ２３３系の量産が始まる。Ｅ２３１系では置き換えが進まなかった２０１・２０３・２０５系・２１１系の更新をねらい、まず中央快速線、青梅・五日市線に投入された。

新系列のコンセプトは、主要な機器を二重系化して「故障に強い車両」を目指したほか、ユニバーサルデザインの採用や腰掛、空調設備の改良で「人に優しい車両」を

打ち出した。中央線への投入となるためにブランドイメージを重視し、利用者へのアンケートやインターネット調査、グループインタビューを実施、その結果を取り入れてデザインや車内設備に反映させた。

サービス品質の向上を主眼に置いたＥ２３３系

――Ｅ２３１系の発展形としてＥ２３３系が量産されます。利用する立場からするとあまり違いを感じないような気がしますが。

白川　Ｅ２３３系はＥ２３１系のグレードアップ版です。計画が浮上したころ、私は鉄道事業本部副本部長でしたが、Ｅ２３１系は全部で２６３２両作って標準化車両として定着していました。ただ不満な点もあって、２０９系のコストを上回らない前提で製作しましたので、かなり倹約型車両になっています。

例えば台車の枕ばねの左右間隔が少し狭くなっています。コストダウンの関係なのですが、一方でローリングに少し弱いところが出てきます。軸箱の支持装置も上下動を抑える軸ダンパーが入っていません。そういったちょっとしたところで少しずつ削った部分があり、もう少し快適性を上げたいという思いがありました。次の車両は中央線の２０１系の置き換え用でしたから、それにふさわしい車両にしようと部内で話していました。

――中央線というのは何か特別の意識をする路線なのですか。

白川　利用客も多く、何といっても伝統のある線です。かつて１０１系も２０１系も時代を画す車両はまず中央線に投入しました。だから中央線には少しグレードを上げた車両を入れたいという意識がありました。

――ＪＲ東日本の経営が安定し、いろいろ余裕が出てきたこともあるのでしょうか。

白川　２００２（平成14）年に政府保有株の全株売却が完了し、完全民営化が達成されます。上場を果たしてしっかり利益の出せる民間会社になったことで、経営の自由度も増してきました。

一方で輸送トラブルもまだまだ多く、サービス品質向上の点からも安定性の高い、故障に強い車両にしていかないといけないということで、設計面で少し余裕を取って、いろいろな機器を二重化したりしました。パンタグラフの予備を最初から積むといったことです。

サービス面では座席を改良しました。Ｅ２３１系の特に宇都宮・高崎線の車両は少しごつごつして座席が固いので、それまでも少しずつ改良してきましたが、Ｅ２３３系では徹

E233系

相鉄
10000系
SOTETSU
10508

底的に柔らかくしようとしました。床の遮音性も上がっています。客室ドアもステンレスのむき出しから化粧シートを張ったものになりました。ＭＴ比も中央線は６Ｍ４Ｔにしています。ＴＩＭＳは伝送速度が速くなりました。２００５（平成17）年に福知山線の事故で車体がぺしゃんこになったこともあり、通勤電車の車体強度を上げるべきだという議論になり、Ｅ２３３系からその対策を取り入れて、ドアの横の柱を太くして天井までぐるっと回しています。

――電動車の比率はコストに直結するといわれ、ＭＴ比率を下げることが重要だとよく聞かされました。Ｅ２３３系では逆に上げたわけですね。

白川　その時々の経営環境や社会情勢に合わせて、設計の基本思想は変わっていきます。コストを取るか、輸送の安定を優先するか、サービス品質にもっと力を入れるかといった選択です。ある時期はそれをギリギリまで切り詰めたり、逆に多少余裕を持たせてみたりするわけです。

――Ｅ２３３系では主電動機にＭＴ75を採用します。定格出力は１４０キロワットに引き上げますが、この理由は何ですか。

白川　２０１系の最高速度が１００キロだったのを１２０キロに引き上げるとともに高

加減速による時間短縮を狙います。中央線はＥ２３３系が出そろったところでダイヤを見直し、到達時分を短縮しています。

ＪＲ発足後も東北地区のローカル輸送は客車列車や４５５系急行形車両などを一部改造した電車が担っていた。客車は50系客車でまだ新しかったが、機関車の老朽化が進んでいたこと、急行形電車は老朽化に加えてデッキタイプでラッシュ時間帯の乗降に不便だったこともあって、早期に淘汰する必要があった。

東北や新潟・長野地区にも新形式電車が次々登場

――ローカル用の電車に話を移します。まず交流区間用に７１９系が１９９０（平成２）年に登場しました。

白川　７１９系は、車体は２１１系に準じ、走行装置は直流モーターながら交流専用車両という利点で、北海道の７１１系などで実績のあるサイリスタ連続位相制御を採用しました。グレードの比較的高い車で３扉クロスシートということでも、お客さまには評判が良い車両です。台車は廃車になった４８５系のＤＴ32を再利用しています。

――これに続いて701系が生まれます。ロングシートになったのがやや意外でしたが。

白川　701系は209系と同様の思想でコストダウンを優先したということです。そのため車内もロングシートにしましたが、お客さま及び地元支社からは不評でした。仙台はまだ719系がありましたが、701系だけを導入した盛岡支社から改善要望もありました。一方で当時の本社では、東北は首都圏に比べれば混雑率も余裕があり、むしろコストを抑えた車両で旧型車を早く置き換えるべきだという意見が強かったわけです。それでもいち早くVVVFを採用するなど新しい技術を入れた車両でもあります。

――奥羽本線では秋田～青森間といった長距離運用がありましたから、サービス面では少々無理があったかもしれません。

白川　JR東日本の経営が安定してきたということもありますが、サービス向上に少し舵を切ろうということで、仙台空港開業に合わせて701系の後継車として開発したのがE721系です。地方の低いホームに合わせて低床化を図り、内装も最初からE233系に準じてグレードを上げ、座席もセミクロスシートとしました。仙台空港鉄道SAT721系、青い森鉄道の703系と共通仕様です。

――直流区間では新潟・松本地区にE127系が誕生しました。

719系

701系

E721系

白川　急行用の165・169系の置き換え用に701系と同様の思想で、コスト低減を優先した車両がE127系です。1995（平成7）年に新潟地区に投入した0番代はロングシート。1998（平成10）年に松本地区に配属したものは少しサービスの面も配慮しました。大糸線を走るということで北アルプスを望む側はクロスシート、反対側はロングシートという変則的な座席配置にしています。これらの座席配置のオプションは、地元支社の意向が強く反映されているのが特徴です。

ＪＲになってからの目立った変化に２階建て車両の増加がある。まず２１１系のグリーン車の一部に入っていたサロ１１３の置き換え用に、２階建てのサロ２１１が登場する。その後、着席通勤の切り札としてオール２階建ての２１５系も登場する。２階建て車両は定員増が期待される半面、乗降に時間がかかるという欠点もあり、在来線ではグリーン車を除いて普及が進んでいない。

座席定員の大幅増を狙った２階建て電車２１５系

――ＪＲになって増えてきた２階建て車両について伺います。

白川　ＪＲ発足当初から、定員増加の切り札ということで２階建て車両を導入したいという話がありました。まず東海道・横須賀線のサロ１１３の置き換え用に導入することとし、民営化２年目には作業に入りました。それから６年後にE２１７系を作ったときに、最初からグリーン車は２両とも２階建てを入れるということで進みました。

――１９９２（平成４）年にオール２階建ての２１５系が登場します。

白川　「湘南ライナー」「湘南新宿ライナー」は貨物線を使って東海道方面の通勤輸送の着席サービスを拡大するもので、国鉄時代から「踊り子」や「あずさ」の運用間合いを活用して運行されていましたが、大変ニーズが高く、ご主人の乗車整理券を獲得するために奥様が早朝から窓口に並ぶという社会現象にもなりました。そこでオール２階建てにして座席定員を最大限にする目的で開発されたのが２１５系です。

４Ｍ６Ｔの10両編成ですが、両端のMc車の床下と１階部分に電気機器を集中し中間車はすべて２階建てとしました。車体はステンレス製で普通車の座席はボックス型クロスシート、グリーン車は２１１系グリーン車とほぼ同じ設計です。着席定員は１編成で１０１０人にもなります。１８５系が基本10両で６０４人、15両で９１６人です。貨物線の茅ケ崎駅ホームの制約から10両編成でした。将来付属編成を作って15両にできるよう先頭車両は

E127系
JR
80
3

215系

貫通構造になっていますが、結局実現しませんでした。技術的には２１１系と同様の添加励磁制御で台車や主電動機も共通です。ただ補助電源装置は新しく静止型インバータを採用しています。

――着席定員を比べると、２階建て車両の威力が分かります。半面、乗降に時間がかかることが泣き所でした。

白川　２１５系は昼間帯の活用で一時、東海道線の快速「アクティー」に運用され好評でしたが、乗降に時間がかかることからダイヤを乱す要因になり、２００１（平成13）年のダイヤ改正で撤退しました。現在は平日のライナーのほか土休日や観光シーズンに「ホリデー快速ビューやまなし号」に運用されるだけの限定的な使用になっています。２階建て車両の難しさを示しているといえます。

――常磐線用に１両だけ、普通車の２階建て車が試作されます。なぜ１両だけだったのでしょうか。

白川　１９９１（平成３）年にクハ４１５－１９０１というものを1両試作しました。常磐線にはもっと2階建てを入れたいという話がありましたが、２１５系と同様に乗降に時間を要するということで運用も限られてしまい、本格採用には至らなかったという経緯があります。ただ215系の設計に反映されています。

――なぜ常磐線だったのでしょうか。

白川　常磐線は当時、混雑率が高かったからです。その後につくばエクスプレスができてお客さまが減り、いまは比較的余裕がありますが。

――乗降時間の問題は当然、皆さんも意識されて解決策を検討されたと思うのですが、秘策はなかったのでしょうか。

白川　なかなかうまくいかないですね。2階建てだから階段の位置とドアの位置は限定されます。真ん中に付ける訳にはいきません。日本の在来線の車両限界を考えますと、いまの形を取らざるを得ないのではないかと思います。

首都圏の輸送形態で大きな変革が起きたのが、「湘南新宿ライン」の開設である。1988（昭和63）年に山手貨物線を使い、宇都宮・高崎線電車の池袋乗り入れが始まる。2001（平成13）年からは東海道・横須賀線への直通運転が始まり、東京を縦断する新しい輸送経路が生まれた。池袋の立体交差が完成した2004（平成16）年のダイヤ改正で本数が大幅に増やされて、新宿経由のルートが定着した。東海道方

面との直通に合わせ、宇都宮・高崎線にもグリーン車が導入され、やがて常磐線にも連結される。

料金制度の見直しで実現した東北・高崎線のグリーン車

――普通列車のグリーン車は湘南新宿ラインの開設で宇都宮線や高崎線にも連結されるようになります。グリーン車導入の議論はいつごろからあったのですか。

白川　中電のグリーン車は東海道・横須賀・総武には国鉄時代から導入されていましたが、非常に需要が高い存在でした。１９８０（昭和55）年に横須賀線と総武快速線の直通運転が始まったころは、グリーン車は東京駅でガラガラになって乗る人がいないといわれたものですが、現在は朝の上りは千葉の手前から満席になるほどです。着席サービスへの需要は強いですから、宇都宮・高崎線にもグリーン車を入れるべきだという議論が以前から出ていましたが、簡単には進みませんでした。慎重論が社内に強かったのです。

――普通車の両数が減るということへの懸念ですか。

白川　それも大きな理由でした。増結用の付属編成を増備していましたが、15両編成でも混雑しているところに、グリーンを入れたら反発が強いという心配です。一方で新幹線による通勤輸送も拡大していましたので、そのお客さまが減るのではないかという議論もありました。

もうひとつの大きな制約条件が乗務員の確保です。グリーン車には担当の車掌が乗っています。東海道線の場合は乗客が多いので2両に2人乗務していました。グリーン車を拡大するとなると車掌の要員確保が必要になり、これが大きな課題でした。そんなに人は採用できないということで、人事サイドは絶対ダメという姿勢でした。

――2001（平成13）年に「湘南新宿ライン」が誕生し、東海道・横須賀線と宇都宮・高崎線が相互直通します。2004（平成16）年には池袋の立体交差が完成し、大増発されました。当然、グリーン車付きの基本編成が乗り入れるわけで、慎重論も何も吹き飛んだのではありませんか。

白川　そう簡単ではありませんでしたが、東海道線の列車からグリーンだけ2両抜くのは現実的ではありませんから、否応なくグリーン車が入っていきます。障害になりそうな点を改善するため、制度を抜本的に見直しました。

――宇都宮・高崎線への導入が料金制度見直しのきっかけだったわけですね。

白川　当時のグリーン車は、一般の定期券では乗れません。別に乗車券を買い直してさらにグリーン券が必要になりますが、朝夕の通勤時間帯は需要が高く、車内で購入する乗客も多くて、車掌は車内での検札・販売に忙殺されていました。立つ人も出ますが、その場合はあらかじめグリーン定期・グリーン券を持つ人が優先ということで、持っていない乗客は座っていても席を代わってもらうというルールでした。座っている乗客に立ってくれというのですから、当然揉めます。逆に定期券を持っている乗客からは、高額のグリーン定期を持っているのに持っていない乗客が堂々と座っているという苦情が出て、しょっちゅうトラブルになっていました。

そういう実情の中で２００４（平成16）年に湘南新宿ラインの本格運転の機会をとらえてグリーン車を宇都宮・高崎線に拡大するための制度を抜本的に見直しました。

――それによって定期券でも乗れるようになったわけですね。

白川　一番のポイントは、事前購入と車内購入で料金の差をつけることでした。一物二価だとの批判もありましたが、これによって、購入済みの人を優先するという概念をなくして、車内トラブルを避けるということで踏み切りました。料金体系も分かりやすくし、土休日用のグリーン回数券も廃止して土休日は料金を下げる決断をしました。

さらに知恵が出て、スイカの記憶部の空き領域を使って専用券売機で情報をスイカに書き込み、車内の座席上の情報読み取り部にタッチすることで、確かにグリーン券を持っていることが分かるようにして検札をなくし、業務を縮小するアイデアを採り入れました。

こういう方策を全部準備した上で、車掌の代わりにNRE（日本レストランエンタプライズ）のアテンダントを乗務させ、車内販売を兼ねてグリーン券のチェックと車内でのグリーン券を販売するやり方に切り替えます。サービス的にもこちらの方がいいということで、湘南新宿ラインに加えて、上野発着の宇都宮・高崎線に全部グリーン車を導入することになりました。

――改正当日に私も早速定期券で東海道線のグリーンに乗車しました。乗客が急増して混乱するのではないかと思っていたのですが、非常にスムーズに移行したという感じでした。どんな事前リサーチがあったのでしょう。

白川　普通定期券は横浜くらいから座れないのは仕方がないけれど、大船あたりでは座れるようにしないといけないと考えていました。湘南地方はいろいろ難しい苦情の出るところですから。

東海道のグリーン車はすべて2階建てにし、座席数を増やしました。211系の平屋のグリーン車が残っていましたけれども、それは全部、宇都宮・高崎線に転属させています。

２階建ては定員が１・５倍になります。

――結果は非常に好評でした。

白川　普通定期で乗れるようになればむしろ減収になるという反対論もありましたが、グリーン路線の拡大は非常に好評で、宇都宮・高崎線を含めて年間40億円程度の増収になったはずです。これまで昼間のグリーン車はガラガラの列車もありましたが、利用者が増えました。

その後、常磐線にもグリーン車を連結することになりました。常磐線はもともと「ひたち」が30分おきに走っていて、着席サービスはそっちの方でという思いもあったのですが、グリーン車が入ることになりました。

料金を含めたグリーン車の制度改革は難しい課題がありましたけれども、終始お客さまの目線で営業部門とも一体となってどういうものがいいのだろうかということで取り組んだこともあり、それで成功したと私は思っています。

――中央線の快速電車にもグリーン車が増結される計画があります。

白川　中央線は当然需要が十分見込まれると思いますが、２分ヘッドで停車駅が多く、東京駅の短時間の折り返し運転などを考えると大きなハードルがあります。どういう知恵をだしていくかという話です。

――それだけ着席サービスに対するニーズがあるということです。

白川　着席サービスを拡大するということは我々の使命だろうと思っていまして、その一環として２００１（平成13）年に「あずさ」の間合いを利用して夕方の通勤時に「中央・青梅ライナー」を30分に１本の割合で導入しました。

「湘南ライナー」は号車指定の整理券でドアの入り口のところでチェックしますが、それに対して中央線では停車時間も短いことから、座席指定制を採用しました。キップが売れたことを車掌端末から確認できるようにして、車内の検札を省略するという施策で導入しました。

指定券は、携帯電話からも当日予約は可能という仕組みを入れました。新宿駅はホームを２面使えますので、一番混雑する新宿駅での停車時分を若干取れることも幸いしました。最初からほとんどいつも満席で、非常に好評でした。これは小田急のロマンスカーの通勤輸送システムをひとつの参考にしました。

実は、中電グリーン車を拡大するにあたり、当初は「中央・青梅ライナー」同様の座席指定方式を検討しました。車掌を乗せなくて済むというメリットがあるので検討したのですが、３分ヘッドの高密度で走っている中でダイヤが乱れたときに、どの列車の指定券か分からなくなるという難しい問題があり断念しました。

次世代の通勤電車を開発しようと、２００２（平成14）年に試験車のＡＣ（Advanced Commuter）トレインが作られる。連接構造で車軸に直接モーターを付けてギアをなくすＤＤＭ（Direct Drive Motor）を採用するなど、それまでの車両とは一線を画すものだった。２００６（平成18）年にＡＣトレインをベースにしたＥ３３１系の量産先行車が登場し、京葉線に投入されるが、結局量産に至ることはなかった。

短命に終わったＥ３３１系

――連接方式を採用したＥ３３１系はどのようないきさつで構想が生まれたのでしょうか。

白川　最初の計画は２００２（平成14）年頃のことです。Ｅ２３１系はかなり量産に入っていましたが、次の世代の車を作りたいということで、ＡＣトレインという連接構造の試験車を技術開発部門が中心となって作りました。

なぜ、連接構造にするかというと、台車数が若干減るのと、連結面を生かすことができます。通常は連結面には貫通路があって、人が乗れない訳ですが、LRTのような連接構造にして人が乗れるようにしました。それから戸袋をやめて外吊戸にして車体の側を薄くし定員増を狙いました。車体は連接構造の外吊扉というのがACトレインの特徴でした。
駆動装置には東芝が開発したDDMを採用して低騒音化と保守の簡易化を狙いました。車軸にもモーターが付いていて、いわゆる減速ギアがないのです。だからロスも少なくて騒音も少ないし、保守の手間も省けるということです。

――具体的な投入線区の候補があったのですか。

白川　最初は中央線の201系の置き換えという案もありました。ただ連接構造は通勤車両に導入するとなると極めて制約があります。車体長が短くドアの位置も変わってきますし、また編成の両端の車両は片方の台車が通常のボギー台車となるため、車体長が中間車と違ってきます。中央線のように基本6両と付属を4両付けたり離したりする所にはとても向かないということで、連接構造は無理となりました。当時、中央線の輸送の安定が最優先課題でしたので、安定した車両を入れないといけない事情もありました。
連結面間に人を乗せられるというメリットも、事情が変わってきます。2003（平成15）年に韓国の大邱で地下鉄火災事故があり、200人近い乗客が亡くなりました。これを受けて省令が変わり、連結面に防火扉を付けないといけないことになります。そうすると連結部分の活用がかなり制約されます。
それでも技術開発部門は何とか実用化したいと、先行量産車としてＥ３３１系を製作することになり、投入先を分割・併合のない京葉線にしたという経緯があります。

――なぜ京葉線だったのかが疑問でしたが、そういう事情でしたか。

白川　京葉線ではいろいろ工夫をして、連接７両の編成長をボギー車５両分の１００メートルにし、２つ併結してボギー車10両分として、できるだけ従来のボギー車に合わせるようにしました。それでも扉位置がずれてくるためにラッシュ時の運用は避けるというのが現場の支社の意向でした。そのうえ連接部の強度が不足して部材に亀裂が入るなどのトラブルがあり、結局、充分活用されることなく２０１４（平成26）年に廃車されました。
ＤＤＭはモーターの輪軸そのものにモーターが付いていますので、いわゆるバネ下重量が重くなります。それが軌道に与える影響とか、乗り心地に与える影響とかを充分検証できなかったのは残念なことです。当時、運輸車両部の実務的な車両開発部門のほかに、技術開発部門にも車両の技術者がいて、分かれていたという問題もあったのです。そのような背景もあって、現場の実情と合致しない車両になってしまったということがＥ３３１系の不幸だというふうに思っています。

E235系の知られざる革新

――E235系による山手線のE231系の置き換えが進んでいます。E235系の特徴はどういうところにありますか。

白川　E235系はE231系・E233系の後継車として開発された最新のICT技術を取り入れた車両です。まずVVVFに新しいSiC（炭化ケイ素）の素子を採用しています。VVVFは最初がGTO素子、次がIGBT素子と進化してきましたが、素子にSiCを使うことによって熱による損失が減って、さらに効率を高め小型化できます。

E231系でお話しした情報伝送装置のTIMSに代わり、INTEROS（Integrated Train communication networks for Evolvable Railway Operation System）という新しい方式を導入しています。TIMSがきっかけになって、車両の情報伝送方式に関する国際基準が制定されましたので、これに準拠し通信速度も10倍に向上しています。走行中の車両の状況を刻々と地上に送信する機能も備えていますので、車両基地に戻ってくる前に検査の必要性を把握できるなど、メンテナンスの変革にもつながります。

E331系
JR

E235系
試運転 TEST RUN
0000

コラム①

VVVF制御の話

鉄道車両の主電動機には長い間直流直巻モーターが使われてきた。回転速度を制御しやすく、発車時に強い力を出すことができるという鉄道車両に必要な特性を持っているからである。これに対して1980年代後半からVVVFインバータ制御（可変電圧可変周波数制御）による交流誘導電動機が使われ始め、現在ではほとんどすべての新形式車がこの方式になっている。これはパワーデバイス（高電圧・大電流を制御できる半導体素子）が急速に進歩し、誘導電動機でも直流直巻電動機と同じような特性が出せるようになったことによる。誘導電動機は直流電動機の弱点である整流子がなく、小型軽量であるという大きな特長を生かせるようになった。

ここではパワーデバイスを使った直流直巻モーターのサイリスタチョッパ制御、サイリスタ位相制御の概略と交流モーターのVVVF制御の原理について述べる。

●直流直巻モーターの制御方式

①抵抗器による制御

103系など従来型の車両に使われていた伝統的な制御方式。直流直巻電動機と直列に抵抗器を入れ、抵抗器の抵抗値を加減することによりモーターに加わる電圧を制御する。抵抗器の抵抗値を加減するには

図１　電機子サイリスタチョッパ制御の概念図

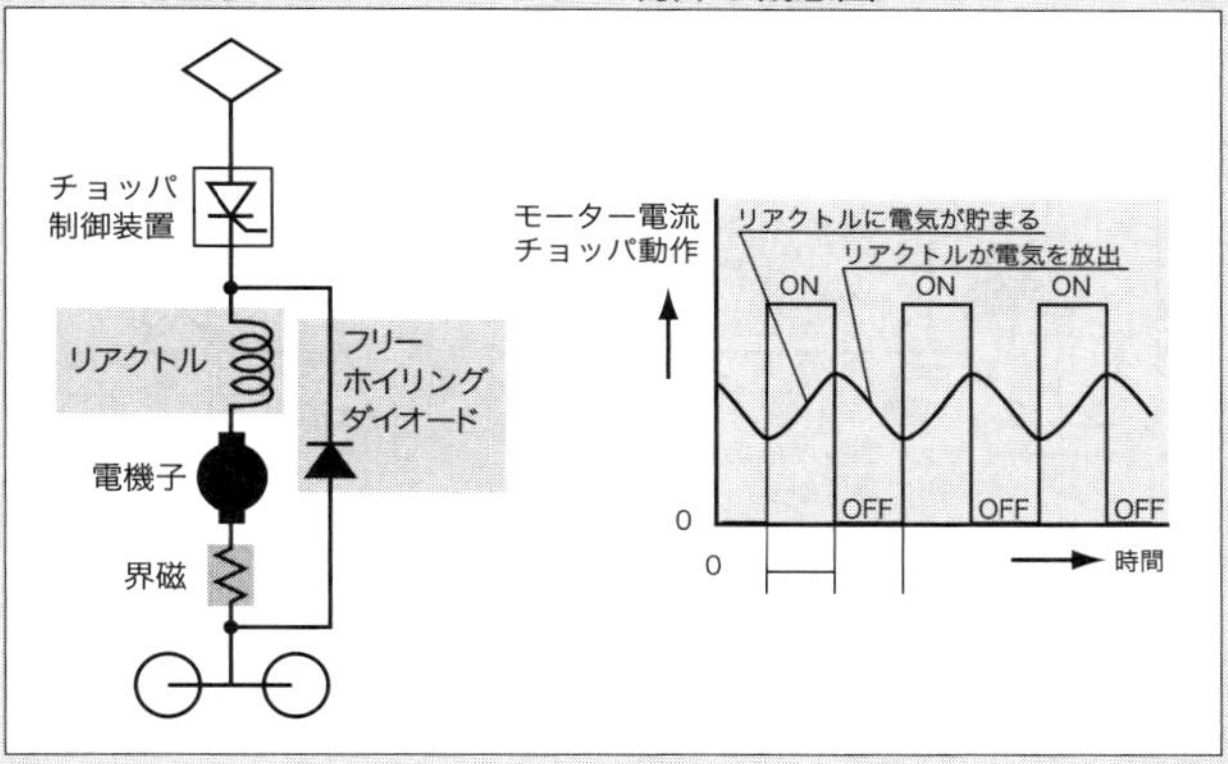

接触器で複数の抵抗器の組み合わせを切り替える。実際には複数の電動機を直列・並列に切り替える直並列制御や、分流回路で界磁を弱めて回転数を上げる弱め界磁制御などと組み合わせて使われる。

②電機子サイリスタチョッパ制御

最初に登場したパワーデバイスによる制御方式。サイリスタはシリコンのＰ型半導体とＮ型半導体をＰＮＰＮ接合したパワーデバイスで、直流電流を切り刻み（チョップ）電圧を制御する。従来の抵抗制御に比べて電力の損失が少なく、なめらかな制御ができるので粘着性能（スリップしにくい性能）が良くなる。また、直流直巻電動機ではこれまで難しかった回生制動が可能になる。

電機子サイリスタチョッパ制御は１９７１（昭和46）年登場の営団地下鉄（現東京メトロ）千代田線の６０００系で本格的に実用化された。その後、国鉄２０１系電車にも採用され、営団地下鉄では改良を加えながら05系まで採用していた

図2　サイリスタ位相制御の概念図

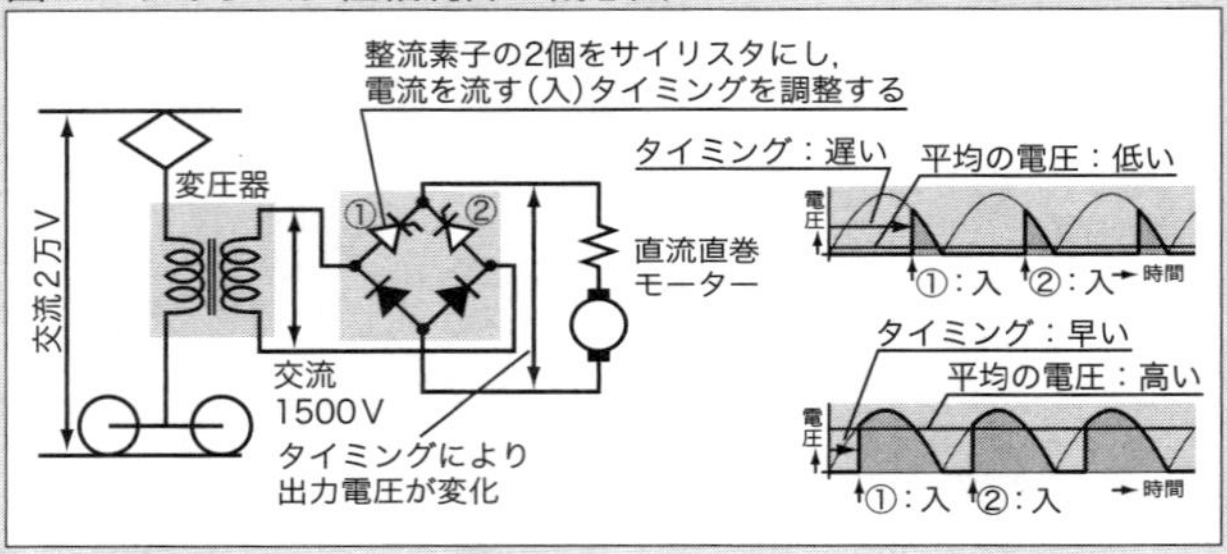

が、価格が高いことなどもあり、比較的短期間でＶＶＶＦ制御に取って代わられた。

③サイリスタ位相制御

サイリスタチョッパ制御が直流を制御するのに対し、交流を制御する方式がサイリスタ位相制御である。サイリスタはゲートと呼ばれる端子に信号を入れると陽極から陰極へ大きな電流が流れ続ける性質があり、直流をチョッパ制御するには流れ続ける電流を遮断する特別な回路（転流回路）が必要である。

交流の場合は、50ヘルツであれば1秒間に１００回電圧が0になるため、自然に電流が遮断される。この性質を利用すれば、電流を流すタイミングだけを動かすことで、比較的簡単に電圧を制御できる。サイリスタ位相制御は北海道に投入された７１１系交流電車、ＥＤ77形以降の交流機関車や２００系新幹線などに使用された。ＪＲ東日本になって生産された４００系新幹線や７１９系もサイリスタ位相制御である。

④界磁添加励磁制御

鉄道の省エネの要である回生ブレーキは直流車両の場合、構造のやや複雑な直流複巻モーターを使うか、構造は簡単だが高価な電機子チョッパ制御によって直巻モーターを使うかいずれかであった。それに対し直巻モーターを使って低コストで回生ブレーキを実現する方式である。電動発電機（MG）で発生した三相交流電流を小型のサイリスタ位相制御装置を通して本来の界磁電流に重ね合わせて（添加して）流し、界磁の磁力を細かく調整して複巻モーターと同様の効果を出す。国鉄末期に登場した205系・211系などで本格的に採用され、JR移行後も251系・253系・651系などの初期の特急車両にも採用された。

●VVVFインバータによる交流モーターの制御

図3　界磁添加励磁制御の概念図

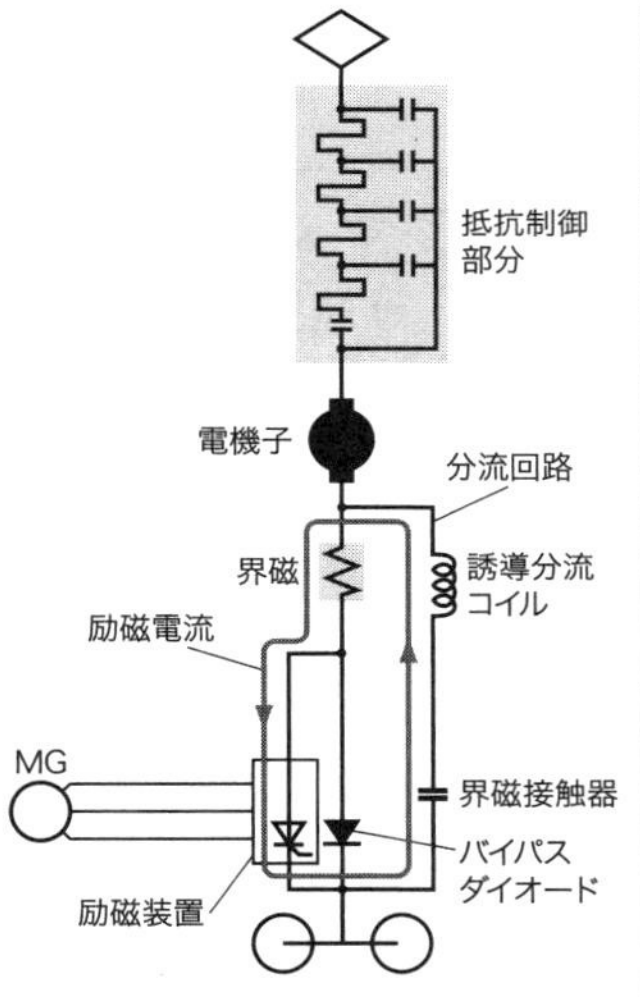

分流回路：界磁に流れる電流の一部を分けて流し、界磁の強さを調整する

直流を、半導体素子を使ったインバータで電圧と周波数の両方が変化する三相交流にし、交流モーターを鉄道車両に適した特性に制御する方式である。VVVFはVariable Voltage Variable Frequencyの略で日本製英語といわれる。交流モーターには一般にかご型三相誘導モーターが使われるが、より小型で高出力の出せる同期モーターを使う例もある。半導体

素子は初期にはサイリスタから発展したGTO（ゲートターンオフ・サイリスタ）が使われたが、最近はトランジスタから発展したIGBT（絶縁ゲートバイポーラ・トランジスタ）が使われる。さらに半導体の素材にSiC（炭化ケイ素）を使って効率を高める方向に向かっている。

図4　VVVFインバータ制御の概念図

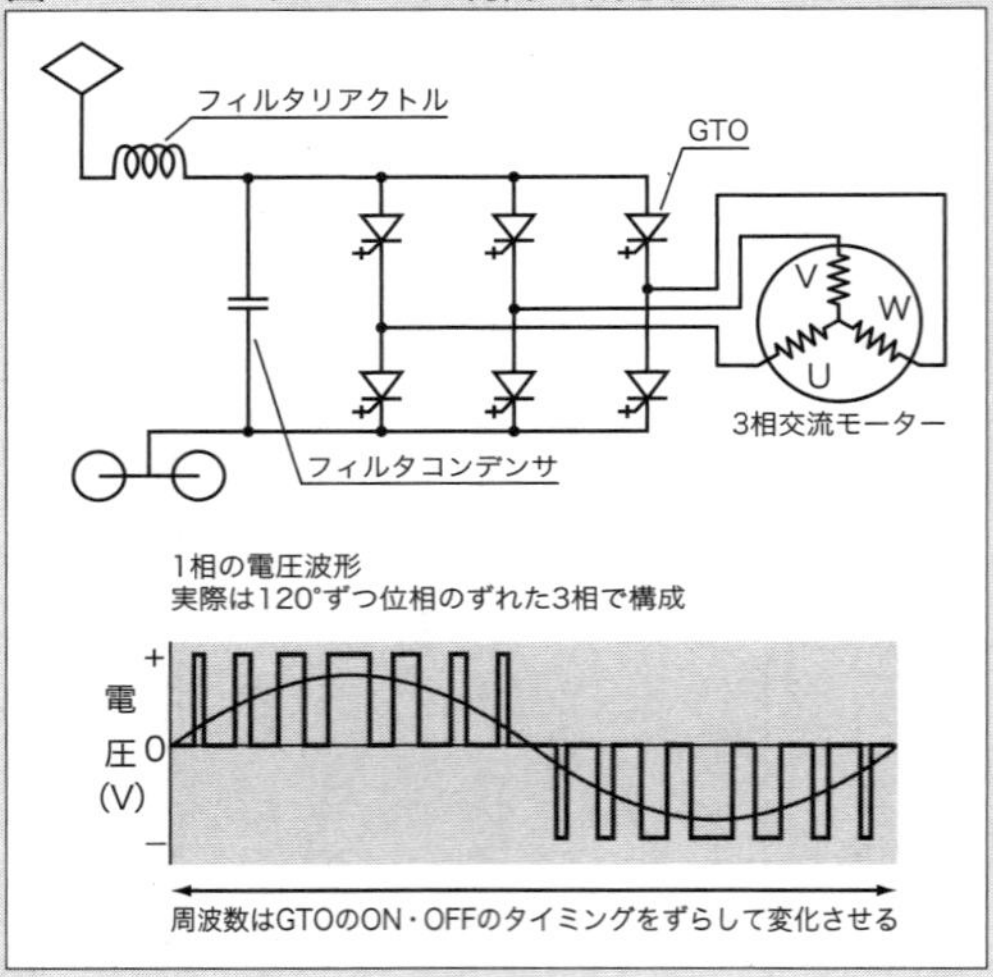

交流車両の場合は架線から受け入れた交流をコンバータでいったん直流に変換し、その後は直流のインバータ車両と同じ制御をする。架線からの交流は単相交流で、周波数も50ヘルツ（または60ヘルツ）に決まっているので、三相交流にして周波数を変化させるためには、いったん直流にする必要がある。

交流モーターは直流直巻モーターに比べて小型軽量にできる。新幹線の高速化も軌道に与える衝撃を少なくできる交流モーターが採用できたことが大きい。また、交流モーターは直流モーターに必要な整流子がなく、ブラシの取り換えや整流子の研磨などの保守作業がなくなる。

※図版は野元浩著『改訂版電車基礎講座』（交通新聞社）より転載

第3章 線区のニーズに合わせた特急電車のバラエティ

ＪＲが発足して2年目の１９８８（昭和63）年、常磐線用に新しい特急車６５１系が開発される。それまでの国鉄標準型を一新し、利用者にも新時代の鉄道を強く印象付ける効果を与えた。外部のデザイン会社を起用し、線区の特色を考慮した車両コンセプトを打ち出す開発方針は、国鉄時代の全国統一のスタイルに比べ大きな変化となった。６５１系に続き、伊豆方面の特急車として２５１系、「成田エクスプレス」用２５３系、中央特急のＥ３５１系と毎年新しい特急車両が送り出され、ファンを喜ばせた。

車両の発注方式も国鉄時代の各社均等に割り当てる方式を改め、価格競争を重視した交渉を進め、低い価格を提示した１社だけに発注する改革が実現する。最初はメーカーの強い抵抗を受け、各社の提示価格はほぼ横一線だったのが、交渉を重ねる過程で差が付きはじめ、低価格で応札するところが出るようになったという。

ＪＲ東日本初の特急車は純白のボディーで常磐線に登場

――常磐特急の６５１系はＪＲ東日本が発足して初めての新形式車両でした。国鉄時代は全国どこへ行っても４８５系という画一スタイルでしたから、大きなインパクトがありました。

白川　国鉄の末期は財政事情もあってなかなか新形式というわけにはいきません。４８５系のようないわば標準車両があって、それを各線区で使い回していた感じですが、民営化後の特徴は線区の特性に合わせた車両を作っていくということで、標準の特急車のような概念がなくなり、いろいろ特徴のある車両が出てきたということです。

――民営化後、初めての新形式が特急車両で、投入線区が常磐線という背景を教えてください。

白川　４８５系はボンネット車両も残っていてかなり傷んでいました。さらに１９８８（昭和63）年には常磐自動車道がいわきまで全通するという状況で、新車投入とスピードアップで常磐線の競争力強化を図る必要がありました。

――６５１系は相当力が入ったのではないですか。新しい試みもかなり導入されます。

白川　最初の特急車両ということで気合が入ったことは確かだと思います。まずデザインは工業デザインなどに定評があった剣持デザイン研究所に委託しました。したがって、外観や室内のインテリアは従来の国鉄車両から一新された格好になっております。もっともデザインは良かったのですが、実用面では一部支障もあって、後の更新工事で手直しされた部分もありました。

――205系と同じ添加励磁制御になっています。まだVVVFには早かったのでしょうか。交直流車ということで特色がありましたか。

白川　技術的にはこの時期はまだＶＶＶＦが未成熟で添加励磁による抵抗制御ですが、交流回生ブレーキを採用しています。交流回生ブレーキは電力を送電線に戻しますが、そのときに交流の位相を合わせないといけません。そのため主整流器にはサイリスタ位相制御を取り入れました。ブレーキ時にモーターで発電するのは直流ですから、交流にして位相を合わせて架線に戻すという技術を取り入れています。

――一般の在来線では初めて時速130キロ運転を実現させます。カギはブレーキでしょうか。

白川　踏切のない湖西線のような線区と違い、通常の路線では非常ブレーキをかけてから600メートル以内に止まらなくてはいけません。651系では滑走検知装置を各軸に付けて、ブレーキ力を確保しました。減速度は5・2㎞／h／ｓと高くなっています。台車と車体を結んで蛇行動しないように抑えるヨーダンパを設置しました。運転台モニターがレベルアップされ、定速運転装置が装備されたりして、技術的には相当進歩しました。

また速度を上げるために、地上側ではカーブのカントを最大限付け直しています。

――国鉄時代のやり方を改めるという点では、車両発注の方式も大きく変わります。651系は川崎重工業が1社で全車両を製造します。常磐線といえば日立製作所のおひざ元ですが。

白川　国鉄時代のようにいくつかのメーカーに割り当て発注するということではなく、メーカー間の競争を重視して、入札とまではいかないけれど価格ネゴを重視しました。結局価格面で有利だった川崎重工業が全車両を受注しました。当時車両メーカーは、ＪＲになると車両発注は大幅に減るだろうという危機感があったことは確かで、６５１系はそれまでの水準からすればかなり低い価格になりました。

日立は川重に取られて大いにくやしがったという話でしたが、後のＥ６５３系では絶対に日立が取るんだという意気込みで、半分のシェアを確保しました。

――デザインの点で導入後に見直しがあったというお話ですが、具体的にはどんな問題が出たのでしょうか。

白川　例えば雨どいがありませんでした。だから白い車体に上からの雨水のタテの汚れが目立ってきました。後になって雨どいを上のクーラーキセの横に付けました。車内はこの時代のひとつの流行で間接照明でしたが、暗いということで直接照明に変更していま す。グリーン車には、衛星放送を受信するシステムが付いていて、座席のモニターで鑑賞できるようになっていましたが、あまり利用されているようでもなく取り外しました。衛星装置のアンテナは常に衛星の方向に向いていないといけないので、自動的に追随するという技術を入れたアンテナでしたけれども、撤去しています。JR発足当時、651系だけではなくて、各社で作る車両には飛行機のように座席モニターを付けるというのが特に優等車などに流行りましたが、定着したという話は聞かないですね。余談ですが真っ白い車体を見た駅員から「いつ色を塗るのか」と言われたという話が残っています。下塗りと思われたようです。

キョンキョンのCMも話題になった251系

――1990（平成2）年には251系「スーパービュー踊り子」が登場します。こちらもざん新なデザインでしたし、かなりおカネがかかった印象です。

白川　「毎年ひとつ目玉商品を作れ」との方針もあり、2番目の目玉商品が伊豆観光用の251系でした。まさにバブル期でありまして、いろいろ贅沢な試みが盛りだくさんの

651系
ひたち
K104

251系

車両です。車体は車両限界いっぱいまで広げた大型断面で、2階建ては前後3両、中間車両もハイデッカーになっています。客室窓は天井まで大型曲面ガラスを使い、眺望を重視する車両にしました。

下り方の1号車はクロ251で2階部分がグリーン座席と展望室、1階はラウンジ室でグリーン客専用でした。ほとんど使われない部屋ですけれども贅沢にスペースを使いました。2号車は2階がグリーン座席で1階部分はグリーン個室を3室設けています。このころは個室が流行り、この後の253系にも設置しましたが定着しませんでした。また、10号車の1階部分にはフリースペースのこども室を設けました。

――個室はどういうところに問題があったのでしょう。

白川　特別な寝台列車と違って、たくさんの人が使う車両の場合は個室というのはなかなか定着しませんでした。グループ客用にボックスシートも作りましたが、今はもうすべて、普通座席に統一されたと思います。売り方やPRの問題もあると思いますが……。

――かなり宣伝にも力を入れたようです。

白川　伊豆急行線内で251系の特別列車を設定して、車内でキョンキョンこと小泉今日子さんが「もっともっと」と踊るCMを撮影しました。当時のJR東日本の企業広報のテーマが、ひらがなの「もっともっと」だったのです。私が広報課長の時でした。

――白川さんのアイデアですか。

白川　いや電通の有名なクリエイターだった大島征夫さんと佐藤雅彦さんのアイデアです。キョンキョンが車内で踊っていて、それをヘリコプターが併走して真横からサイドビューで撮るというバブリーなＣＭです。伊豆稲取のあたりで海岸線を入れて撮影しました。

――２５１系は今でも人気列車ですが、１８５系の「踊り子」も健在です。車体を更新したとはいえ、車齢40年の車両ががんばっていますね。

白川　実は、「踊り子」系統というのは曜日波動が大きいうえに、需要の多い時間帯が片寄っていて、列車設定が難しいのです。２５１系のような特別仕様の車両を作ると、それをどう使うかという点で、非常に悩ましいところがあります。１８５系の置き換えを含めた伊豆特急の体系見直しを何度も検討しましたが、なかなかいい案がなくて今に至っています。

１９８１（昭和56）年登場の１８５系が今でも残っているのは、使い勝手がいいからです。１５３系の置き換え用に開発された車で、通勤時間に使用することも考えてドアも比較的幅が広くしてあります。現在は朝夕のライナー号にも活躍しています。185系は窓が開きますが、あれは当時の営業サイドの「横浜でシウマイが買えるように」という要望に応えたといわれています。

1978（昭和53）年開業の成田空港の最大の課題は、都心からのアクセスだった。当初、東京駅と成田空港を結ぶ成田新幹線が計画されたが、沿線の反対などで実現のメドがなくなり凍結される。京成電鉄が新線を開業、AE車による特急運転を始める一方で、JRは在来線で成田からバス連絡という不便なルートしか提供できなかった。

空港の開港時にターミナルビルの地下には新幹線用の駅設備ができていたほか、空港から成田線までの高架路盤は完成していた。1988（昭和63）年にこの駅と路盤を活用して、第三種鉄道、いわゆる上下分離方式で「成田空港高速鉄道」が設立される。JR東日本と京成電鉄が33％ずつ、残りを成田国際空港株式会社などが出資し、1991（平成3）年3月に開業した。

外国からの旅客を意識した成田空港アクセス特急

――次は２５３系「成田エクスプレス」の経緯を伺います

白川　１９９０（平成２）年に成田空港に乗り入れる特急用車両として開発しました。技術的には２５１系と同じ添加励磁方式です。デザインはこの車両からＧＫインダストリアルデザインが担当しています。だから随分雰囲気が違いますね。メリハリの利いたというか、がっちりとしたデザインで、割合人気が高かったのではないかと思っています。

競合する京成電鉄に対して、新宿や横浜から直通できる点を売り物にしました。東京駅での分割・併合が前提になりますので、自動連結解放装置とか、幌も自動解結ができる仕組みも取り入れています。

――設計のコンセプトは外国からの旅行者が最初に出会う列車ということで、当時としてはハイグレードになっています。

白川　一例が荷物棚です。「美観を大事にすべし」と当時のトップからの指示もあって、航空機のハットラック式、ふたが付いている方式を取ったのですが、成田空港ですからテロ警戒のために折り返しのときに荷物棚を全部点検する必要がありました。こういうときに非常に不便であるということで、普通の開放式に改造されました。飛行機がハットラック式なのは荷物が落ちる可能性を防ぐのが目的なわけで、鉄道では必ずしもそういう必要はなかったということでしょう。

——今ならば「インバウンド対応」となりますが、当然成田に到着する外国人を意識した設計になっていますか。

白川　普通車の座席がフランス製のボックス座席でシートピッチも広くゆったりしていました。背もたれ部分の隙間に大型手荷物が置けるということがメリットとされました。ただ、この向かい合わせボックス座席は不評で、特に外国人と向かい合うのは嫌だといった日本人乗客の声がありました。2003（平成15）年ころに議論した覚えがありますが、座席を取り換えるのも勿体ないということで、座席の向きを半分ずつクルッと変えまして、集団見合い型の配列に変更しています。2002（平成14）年の増備車からは一般的なリクライニング方式になりました。グリーン車は個室も含めて料金が高かったために利用が低迷し、一部は普通車に改造します。

海外からのお客さまに恥ずかしくないようにしようということで、バブル時代の影響を受けて贅沢な設計でしたが、利用実態を見る中で次第に現実的な車両に改良されていった歴史があります。

ボックス座席を採用した253系の車内

新宿～松本2時間半を目指して振り子車両となったE351系

――中央線のE351系に移ります。ポイントは振り子ですが、これはまとめて伺うとして、中央線の特急の世代交代はどんな議論だったのでしょう。

白川　高速化の切り札として登場したのがE351系ですが、中央線の時間短縮は長い歴史と経緯があります。岡谷市の塩嶺《えんれい》トンネルが1983（昭和58）年に開通し、辰野経由時代に比べて大幅な時間短縮になりましたが、それでもJR発足時点で新宿～松本間の所要時間は最短でも2時間51分かかっていました。そういう中で、松本市を中心に時間短縮の要望が強く、当時の松本市長がしばしばJR本社に来られて要請がありました。

我々の間でも早くから中央線のスピードアップが課題になっていました。中央道に対抗するために速度向上をしたいと、新宿～松本間2時間30分というのを目標にしていました。

――当時の「あずさ」は189系などを使用していましたが、速度アップといっても限界があるように思えます。

白川　曲線の通過制限速度は曲線半径と曲線のカント量で決められます。電車列車でしかも原則として乗客が座っている列車の場合は本則（運転取扱心得に定められた制限速度）より速く走ることが許されています。しかしこれで走るとカーブで外側に振られる感じがして、乗り心地上の限界があります。そこで、切り札として期待されて１９９３（平成５）年に登場したのがＪＲ四国の２０００系などで実績のある制御付き自然振り子方式を採用したＥ３５１系です。ただ開発・設計の段階でやや錯綜した面があって、狙い通りの成果が出なかったところがあります。

――具体的にはどういう事情があったのですか。

白川　Ｅ３５１系と並行してトライゼット（ＴＲＹ－Ｚ）Ｅ９９１系試験車両が開発されていました。この車は前年の１９９２（平成４）年にできていますが、空気ブレーキではなくて油圧ブレーキを採用し、油圧による強制車体傾斜を盛り込むということで最高時速１６０キロ、曲線通過速度は本則＋45キロを狙うというコンセプトでした。ただいろいろ試行されたのですが、多くは残念ながら実用化には結び付きませんでした。例えば油圧ブレーキというのは原理的には良いのですが、油圧の漏れを防ぐとかいろいろな鉄道側の経験不足もあってうまくいかなかったのです。

――そのこととＥ３５１系はどう重なるのでしょうか。

白川　Ｅ３５１系は車体傾斜に、Ｅ９９１系の技術を一部入れようとして設計されたようです。だから、振り子車両は最大５度の角度で傾くので車両限界に合わせて普通の車両よりも小さくなりますが、強制車体傾斜を意識したE351系の車体上部はそれ以上に非常に小さくなっていて、狭い感じにもなっています。また、コスト面の制約があって車体はスチール製になります。そのため振り子車両を作るときの基本中の基本である車体を軽量化することと、重心の低下が不充分であったことは否定できません。

――それは曲線通過速度の点で影響してくるわけですね。

白川　営業速度で曲線通過速度は本則+35キロを目指して試運転をしましたけれども、乗り心地もそうですし、走行安定性の面でも、輪重の変動や車輪が軌道にあたる横圧とか、色々なデータを解析しますと、とても本則+35キロで走れないということになります。結局は381系並みの本則+最大25キロで運転することになりました。さらにE351系は走るはずがない160キロ仕様になっていて、モーターの温度上昇とか加速力、勾配での速度上昇が悪いという問題もあり、後にギヤ比を変えて130キロ仕様に変更しています。当時の運転士の話を聞きますと、上り勾配で速度が出ず、時間を稼げなかったということでした。

この試運転を何度してもなかなか成果が出なかったので、E351系の投入は予定より遅れて、1993(平成5)年の年末年始輸送にようやく間に合わせた格好でした。

――中央線で160キロ運転は無理ですか。

白川　160キロ運転にするためには踏切の問題などすべてを160キロ対応にしないとできません。曲線制限と下り勾配制限もあって、今でも130キロ運転できるのは笹子トンネルの中とか、甲府～塩山間の上り線とか塩尻～松本間とかに限られてしまいます。在来線でももっと高速運転を狙いたいところですが、曲線や踏切の制約は大きく現実的ではないですね。

――E351系は結局「スーパーあずさ」に使用することで、編成も5本にとどまりました。いささか不本意だったということでしょうか。

白川　それで183・189系が残った訳ですけれども、これは後にE257系に委ねることになります。

――振り子の機構もなかなか保守が大変だったようです。

白川　中でもパンタグラフと架線の関係です。車体が傾斜しますのでパンタグラフは通常車両より曲線の内側に移動します。381系を導入した時は、中央西線・篠ノ井線は新たな電化区間だったので、架線の張り方を通常より少し内側にしてあります。それによって振り子車両と通常車両の両方に対応するようにしてあります。

Ｅ３５１系の場合は「地上設備にお金をかけない」という前提でしたので、架線の位置は変えていません。そのため台車の上に櫓を組んでその上にパンタグラフを載せた構造になっています。櫓の脚は車内からはもちろん見えませんが、車両をよくみるとパンタグラフの所に客室がなく、壁の中に空洞があってその中に櫓が立っているという構造です。ただ、台車の上に櫓を立てますので、振動が直接櫓に伝わって櫓の梁に亀裂が入るトラブルが発生しました。営業運転開始後もいろいろ手直しをしましたが、メンテナンスには苦労しているようです。

――いろいろ反省材料が多かったということでしょうか。

白川　車両の設計というのは、車両だけ考えるのではなくて、当たり前のことですが軌道とか架線とかと全体システムから見て考えなければいけないという教訓にもなります。また、曲線の出入り口での乗り心地が大事で、それが振り子車両のひとつの課題になっています。３８１系で乗り物酔いするという苦情が出たのもそのあたりが影響しています。Ｅ３５１系は制御付自然振り子にして３８１系に比べると随分良くなりましたが、それでもまだ乗客によっては乗り物酔いするという話があります。

――ところで中央線は上諏訪付近に単線区間が残っていますが、これはダイヤ上の制約に

なっていないのでしょうか。

白川　到達時間短縮の制約は、中野～三鷹間が線路別で快速線も各駅に停車する列車（快速）があり、追い抜きができないことの方が大きいです。

――中央線は複々線化最初の時の設定が今も尾を引いています。

白川　一時、中野～東中野間で立体交差をして三鷹～中野間を方向別に変え、快速線のスピードアップを図ろうという検討もしましたが、多額の費用がかかることもあって断念しました。

特急車で初めてＶＶＶＦを採用した２５５系

――１９９３（平成５）年には房総特急用に２５５系が登場します。全体で45両の少数勢力にとどまっています。

白川　開発の順番は中央線のＥ３５１系が先だったのですが、開発に手間取って投入が計画より遅れてしまいます。予算の関係とアクアライン対策もあって、先に房総方面の１８３系を置き換えることになりました。

２５５系はそういう経緯で急いで作った車で、開発期間を短縮するため２５３系の車体

E351系

255系

断面をそのまま採用したスチール車体です。台車も２５３系とほぼ同じものを採用しています。

――主回路はＶＶＶＦを採用します。特急車両として初めてでした。

白川　２０９系がまだ試験車で、９０１系といった時のものを採用しています。２５５系は１９９３（平成５）年の登場で、９０１系のＢ編成は１９９２（平成４）年、２０９系量産車は１９９４（平成６）年登場という、まさに初期の発展途上のＶＶＶＦでした。房総の１８３系の置き換えに必要な９両編成５本を最初に作りましたが、それ以降増備はされていません。その後２５５系のＶＶＶＦ装置はＥ２１７系・２０９系と同じＩＧＢＴ方式のものに更新されています。

最近は房総の特急が大幅に削減されて、余剰車になっているという話も聞きますから、いささか不運な車ですね。

常磐線の特急は１９８８（昭和63）年に登場した６５１系が「スーパーひたち」、４８５系が「ひたち」に使用されていたが、１９９８（平成10）年にＥ６５３系が生まれる。在来線特急車両はそれまでスチール製だったが、Ｅ６５３系からアルミダブ

ルスキン構造という新しい技術が使われ、その後のＪＲ特急車両の標準になる。

Ｅ６５３系から本格的に採用されたアルミダブルスキン構造

――１９９８（平成10）年に常磐線に投入されたＥ６５３系は初めてアルミ車体になって車体断面のイメージが変わります。

白川　Ｅ６５３系の特徴は、車体にアルミニウム合金のダブルスキン構造を採用したことです。一種のダンボールのような構造で軽くて強度が高いのが長所です。アルミニウム合金を型材で押し出すときに内部構造を一緒に作ってしまい、それをタテに重ねて溶接してつなぎ合わせるというのがミソです。

これは日立製作所が東海道新幹線の７００系で使い始めたもので、ＪＲ東日本の新幹線でもＥ２系の１０００番代から本格採用されます。部品の取付台など複雑な構造も、後から溶接するのではなく型材で一緒にできてしまうので、工程が簡素化できコストも下がるということです。また、ダンボール構造の内側に制振材や断熱材を入れることができるので、防音性や断熱性が高まるというメリットがあります。

それまでコスト面でなかなかアルミニウムが扱えなかったわけですが、ダブルスキンを生かしてＥ６５３系で初めて使い始めました。摩擦攪拌溶接といって強い力でジグをあててグルグル回しながらその部分だけ摩擦熱でアルミニウムが溶けて溶接されていく、そういう新しい工法も生まれてきております。

――国鉄時代にアルミ車が試用されましたが、本格採用にはなりませんでした。スチールに比べて工作がしにくいと聞いた覚えがあります。いまのお話を伺うと、むしろアルミの方が工程を簡素化できるわけですね。デザインや走り装置は変わりましたか。

白川　Ｅ６５３系のデザインは、２５３系や２５５系と同じようにＧＫインダストリアルが担当しましたが、剣持デザイン研究所が担当した６５１系の少しやさしい雰囲気に対して、ＧＫはカチッとしたデザインで、対照的な雰囲気があります。Ｅ６５３系のデザインがその後のＪＲ東日本の特急列車のデザインに受け継がれています。

電気品は、当時最新だったＩＧＢＴ素子によるＶＶＶＦを採用、台車も２５５系までは積層ゴム支持式で２０５系と同じ構造の台車でしたが、Ｅ６５３系から２０９系の台車の流れをくむ軸梁式、むかしＯＫ台車というのがありましたがそれと同じように、片側から梁で軸箱を支える方法に変わりました。これが現在も在来線の台車の基本になっています。

――新製時にはグリーン車がありませんでした。

白川　常磐線は、乗客の多い上野～水戸間は1時間強で走りますので、グリーン車の利用が少なく、モノクラス制にしました。651系の「スーパーひたち」に対しE653系の方は「フレッシュひたち」という愛称になりました。メーカーは日立、近畿車輛、東急車輛が2：1：1の割合で作っていまして、651系のときに日立が川崎重工に負けた訳ですが、全面的ではありませんがここでリベンジしている形になっています。

E653系の特色として、編成ごとに腰部の色を変えています。これは当時の水戸支社長のアイデアですが、いずれも鮮やかな色でお客さまから次はどんな列車が来るかということで話題になったと聞いています。

――2013（平成25）年のダイヤ改正で新潟地区へ転出し、「いなほ」に使用されます。この時に先頭のクハがグリーン車に改造されます。新製時に置き換えの可能性も考えられていたのでしょうか。

白川　奥羽・羽越線の485系もいずれ取り換えないといけないとは考えていましたが、E653系を転用することになるかは、その頃は決めていませんでした。ただ将来の活用余地を考えて、50ヘルツ／60ヘルツ両用にしてあります。

――485系の置き換えでは2000（平成12）年に「はつかり」用にE751系が新製されます。

白川　E751系は、E653系から直流機能を取り除いたという設計で、前面のヘッドライトの位置など少し違いますが基本はE653系と同様のものです。6両×3本の18両が製作されましたが、新幹線の新青森開業などで活躍の場が減りまして、現在は4両編成に短縮されて青森〜秋田間の「つがる」に使用されています。

E351系が5編成にとどまって「スーパーあずさ」に使われていたが、残りの「あずさ」「かいじ」は183系・189系で運用されていた。この置き換え用としてE257系が2001（平成13）年に登場するが、振り子方式を採用しなかった。

JR東日本の特急車では最大勢力になったE257系

――中央線の特急は、その後は振り子機能を外したE257系を投入します。振り子はあきらめたということでしょうか。

白川　E351系は必ずしも期待された成果は上げられませんでしたが、中央東線のス

E653系

E751系

ピードアップに寄与したことは確かです。ただ、相変わらず一部の乗客から乗り物酔いをするという苦情がありました。中央線に残る１８３系・１８９系は、比較的停車駅の多い列車に充当していましたから、「スーパーあずさ」はＥ３５１系で運用し、停車駅の多い「あずさ」とか「かいじ」に使うという前提で、速達性よりも快適性に重点を置いて非振り子に割り切ったわけです。

振り子ではなくても最高時速は１３０キロ、曲線は本則＋15キロで走り、加減速性能も向上していますので、１８３系に比べればスピードアップになります。本則＋15キロでも遠心力で、車体がどうしても外側に傾きがちになるようなことがありますので、できるだけ重心を低くしようとしました。空調装置をすべて床下に装備し、もちろん車体は、Ｅ６５３系と同じようなアルミ車体です。特急車で初めてＴＩＭＳを搭載しました。

——白川さんご自身も大変思いを込められた車両と伺いました。

白川　Ｅ２５７系は私もこだわった車両です。当時の私の考えとしては、今後の特急車両の汎用タイプにしたいとの思いがありました。

そこで、車体はダブルスキン構造、座席間隔は在来特急で初めて９６０ミリに広げました。それまでは４８５系と同じ９１０ミリだった訳です。窓も中央沿線の山が良く見えるように極力上下の幅を大きくとりました。ただ、座席間隔を広げることで定員が減りますので、先頭形状もボンネットのない、切妻に近い形にしてできるだけ客室を広げる格好にしてあります。客扉も汎用化を考えると本当は2カ所作りたかったのですが、定員確保のために1カ所にしてあります。

それから、密かな試みとして運転台の助士側後部に、前方を楽しめるように子ども用のステップを付けました。トンネルが多い区間ですから遮光幕を閉める訳ですが、助士席の方は閉まらないようにしました。ただし仕切りのガラスは反射しないように若干色を付けてあります。

車体塗装はデザイナーにお任せでしたが、側面に四季を表す大きなひし型模様が付いています。模型泣かせですけどね。

――2両の付属編成が趣味的には面白いですね。

白川　大糸線は9両以上の入線ができません。また、「スーパーあずさ」は9＋3両の12両編成ですが、当時「あずさ」は停車駅のホーム長の関係で11両に制限されていました。そこで基本9両、付属2両としました。付属編成はTc＋Mcですが、付属の2両を単独で運転することはありませんので、基本編成と連結するMc側は入れ換え用の簡易運転台が付いている構造になっています。基本編成も松本方は非貫通構造、新宿方は貫通構造と前後で形が違っています。

マスコンもＥ２３１系と同じものですが、抑速ボタンが付いていて抑速ブレーキがかかるようになっています。勾配の多い区間を走行しますので回生・抑速ブレーキが付いていますが、中央線は列車密度が低い線区で回生ブレーキが失効する可能性があります。直流の回生ブレーキは、他の車両が電力を吸収というか使用してもらうことが前提ですから。その対策として発電ブレーキと抵抗器も持っています。台車はＥ６５３系と同じ軸梁式ボルスタレス台車です。

Ｅ２５７系は房総特急の１８３系置き換え用としても、グリーン車なしの5両編成で５００番代となった19本95両が製作され、総計２４９両とＪＲ東日本特急電車の最大勢力になっています。

ＪＲ発足から20年以上経ていよいよＪＲ発足後に登場したスチール車体、直流モーターを使用した特急車両の置き換えが始まる。最初に登場したのが「成田エクスプレス」（ＮＥＸ）用のＥ２５９系、引き続き常磐特急６５１系・Ｅ６５３系置き換え用

のE657系が投入される。これらはアルミダブルスキン構造のE653系をベースにしながらも最新の技術を取り入れ快適性が一段と向上した。

NEXブランドを引き継ぎつつ乗り心地の向上を図ったE259系

――まず「成田エクスプレス」用のE259系は先頭部のスタイルなどが斬新でした。

白川　成田空港は2002（平成14）年にB滑走路の供用が開始され、格安航空会社LCCの増加などで利用者が増えていく状況にありました。一方2010（平成22）年には成田新高速鉄道のスカイアクセス線が完成し、京成電鉄の新型「スカイライナー」が上野～成田空港間を45分程度と、NEXより大分短い到達時間で行くということで、当時NEXの競争力をどのように維持するかが課題でした。

また、253系は製造から20年近く経過し、スチール車体、直流モーターで、大幅な更新工事の時期を迎えていました。そこで2009（平成21）年にNEXのブランドを引き継いでさらに最新の技術を採用したE259系を投入し競争力を高めることとしました。

車体は、E653系やE257系の流れを組むアルミダブルスキン構造で車体の断面など似ています。先頭部は、東京駅で解結を行うためにE253系と同じく貫通構造としてい

E257系

E259系
N'EX

ますが、運転士の視認性の良い高運転台としました。客室窓は外から見て253系と同じような連続窓になっていますし、シートピッチも253系と同じ普通車1020ミリと非常にゆったりとしたものになっています。座席の色合いも赤と黒のイメージを引き継ぎ、車体の塗装も253系と同じ黒と赤と白の塗り分けです。253系はこれにグレーが加わっていましたが、塗装に手間がかかると不評だったためこれは3色にしています。

台車は軸梁式ボルスタレス台車ですが、先頭車両にはE2系1000番代で初めて採用したフルアクティヴ・サスペンションを採用。また、在来線で初めて車体間ダンパを装備しました。車両と車両の横に太いダンパが連結部に付いているのが分かると思いますが、これで乗り心地の向上を図っています。

品川まで乗り入れるようになった常磐特急の最新モデル
――JR最初の特急車両の651系置き換え用にE657系が製作され、短期間の間に大量増備されていきます。

白川　E259系で採用した快適性向上の技術を盛り込んで、格段に乗り心地がよくなっているなと私自身使ってみて感じます。2012（平成24）年からの2年間で10両17

編成１７０両が製造され、２０１５（平成27）年にはさらに品川乗り入れで本数が必要になり、１編成10両が増備されています。６５１系・Ｅ６５３系が７両と４両の基本編成と付属編成に分かれていたのに対し、10両編成に統一されています。

――最大11両の編成が10両になって輸送力は大丈夫でしたか。以前は勝田でよく増結していました。水戸での着席機会を確保する意味もあったのではないですか。

白川　分割・併合は手間もかかるし、利用実態からみて10両の統一でいいだろうと判断したのでしょう。輸送力対策では、朝の通勤向けに特急を増発しています。グリーン車は半室ではありませんが、身障者用トイレなどをグリーン車に集約して普通車の座席数をできるだけ確保してあります。

Ｅ６５７系そのものの特色ではありませんが、上野東京ライン完成時のダイヤ改正（２０１５年3月14日）から常磐線特急に新しい指定席方式を導入しました。座席の上に青・黄・赤の表示灯を付け、青は発売済み、黄は先の駅から発売済み、赤は未発売ということで、ランプを見て空いているところへ座れるという仕組みにしました。普通列車グリーン車と同じ方式で、事前購入と車内購入で価格に差を付けて、できる限り事前に購入してもらい車内検札を軽くするという措置を取っています。このときに、列車名も往年の

「ひたち」と「ときわ」が復活しました。

常磐線の「ひたち」には上野〜仙台間を直通する列車があった。E657系の導入に合わせて、2012(平成24)年春のダイヤ改正では常磐特急をいわき駅で系統分離する構想だった。10両編成はもともといわき以北には入れない前提での計画だったが、東日本大震災によって白紙に戻っている。2020年に全線復旧した時にはどんな運行形態になるのか、興味深い。

中央線特急の後継車E353系と特別仕様のE655系

――いったん脱振り子になった中央線の特急では、E351系の置き換えに合わせて再び車体傾斜装置を採り入れることになり、E353系が開発されました。

白川　JR東日本の在来線車両としては初めて、空気ばねによる強制車体傾斜方式になっています。すでに新幹線ではE5系・E6系で実績があり、在来線ではJR北海道の261系の気動車特急、JR四国の新しい8600系、名鉄2000系で採用例がありますす。傾斜角度はそれぞれちょっとずつ違いますが、E353系の最大傾斜角度は1・5度

E657系

E353系
E353

で5度傾くE351系などの振り子方式に比べると僅かな傾斜です。それでもE351系と同等の曲線走行性能があるということです。強制車体傾斜は曲線の出入り口で傾斜角度を適切に制御しないとうまくいきません。調整に苦労していたようですが、2017（平成29）年12月23日から営業運転に入ることが決まりましたので解決できたのでしょう。

――特殊な車両では、お召列車にも使われるE655系が開発されます。JRになってからも当初は、客車の1号編成が使用されていました。

白川　1号御料車は1960（昭和35）年の新製ですが、供奉《くぶ》車は戦前製です。随行の警察幹部などが乗る330・340の台車は新製のTR65に取り換えていますが、荷物車・電源車の460・461は3軸ボギーのTR73形です。JR東日本で承継した時は軸受けも平軸受けでしたが、軸焼けが心配されましたし、そもそも平軸受けの保守技術もなくなってきていますので、早い段階でコロ軸受けに変更しました。また、旧式の自動ブレーキのトラブルなども起き苦労しました。

そんな経緯もあり、2007（平成19）年に完成したのがこのE655系です。1号編成をそのまま新車にする案もありましたが、議論した結果、貴賓車両（特別車両）は1両だけにして、供奉車にあたる車両はハイグレードな、イベント列車や貸切用、団体専用の車両にも使える近代的な車両にすることになりました。４Ｍ２Ｔの６両編成ですが、特別車両を抜いて４Ｍ１Ｔの「和（なごみ）」として走ることもあります。非電化区間も機関車牽引で走れるようにということで、１号車クロＥ６５４には床下にサービス電源用のディーゼル発電機を取り付けました。したがって、ブレーキ系統も機関車と連結できる自動ブレーキも装備しています。

特別車両はクロとか記号を持たず、Ｅ６５５－１といいます。特別車両の車内は公開されていませんが、花鳥のデザインが入ったような織物を使い、伝統を生かしながらモダンな内装になっているようです。

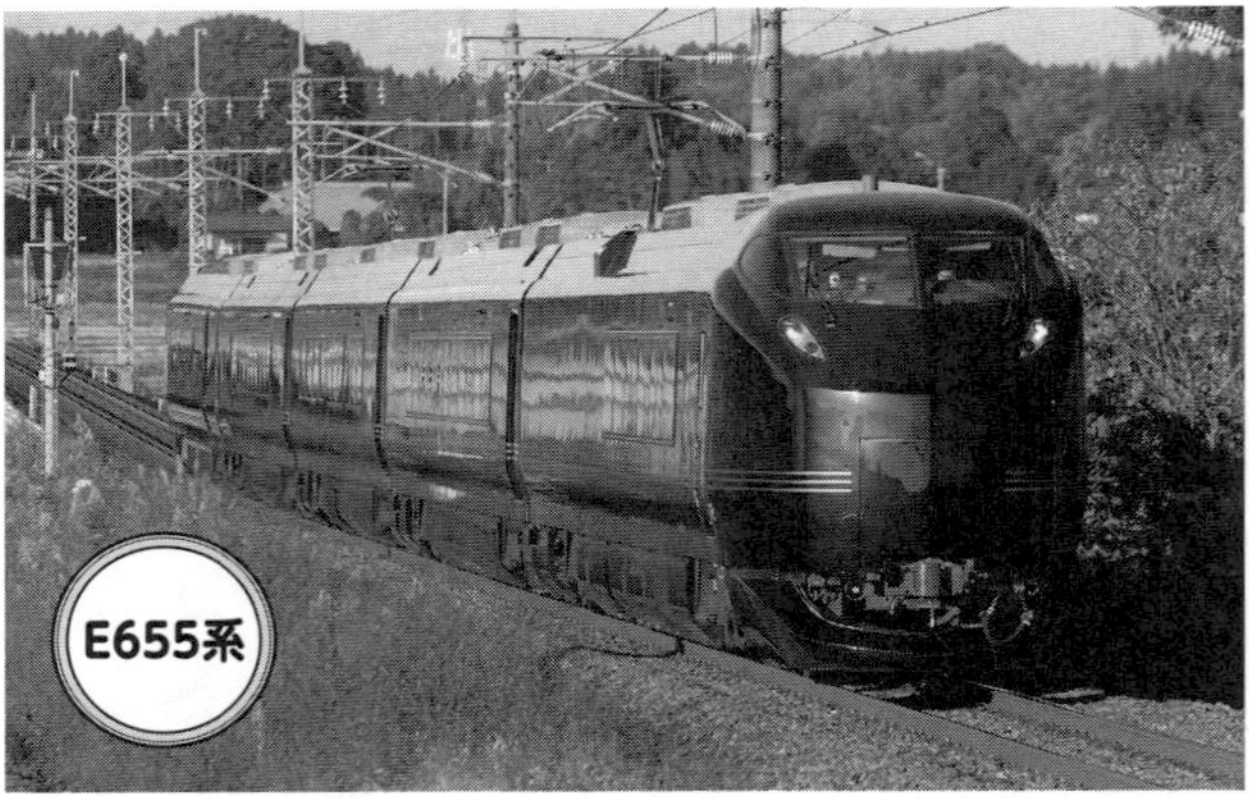

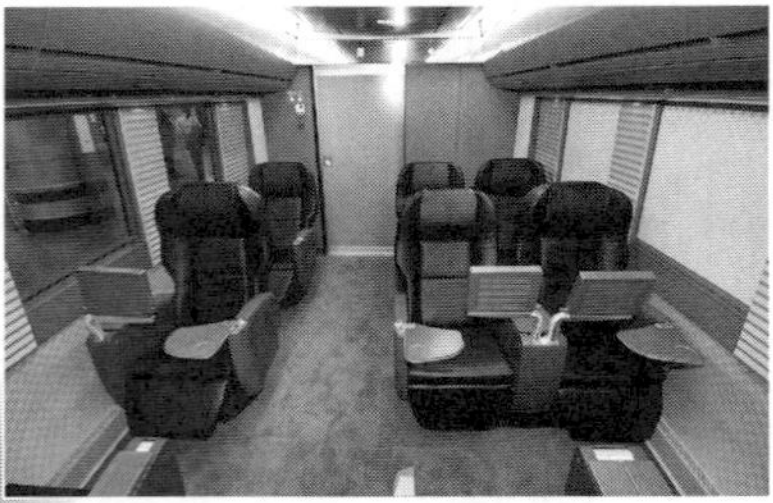

E655系の3号車（モロE654）
は本革張りシートのVIP車

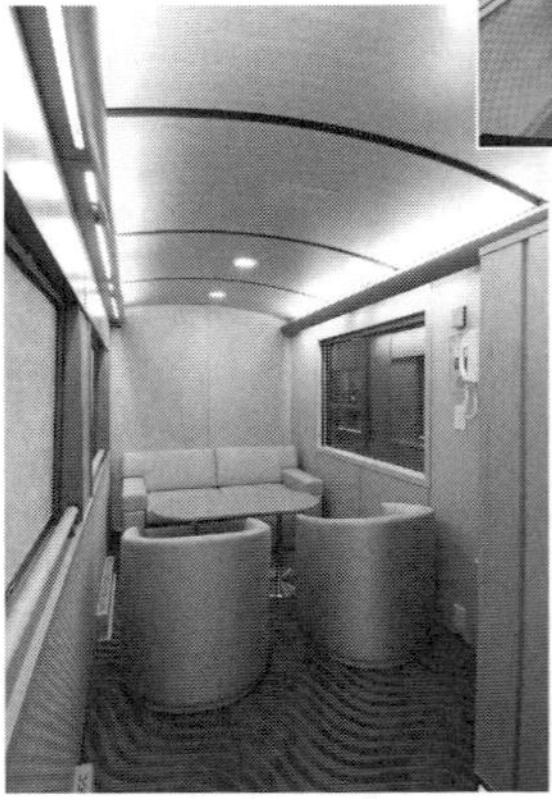

3号車には個室の
VIPルームもある

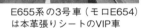

コラム②

車体傾斜の話

鉄道車両が曲線を走行する際、曲線の外側に向かって遠心力が働く。このため通常曲線外側のレールを内側のレールより高くして車体を曲線内側に傾け、乗客が遠心力を感じないようにしてある。これをカントと呼ぶ。カントに見合った速度以上で曲線を走行すると列車（乗客）にはカントで吸収しきれない遠心力（超過遠心力という）が働くが、乗り心地の上から０・０８Ｇが限度とされる。したがって高速化のニーズに応えて曲線通過速度をさらに上げるためにはカント以上に車体を内側に傾ける必要が出てくる。

３８１系で実用化された（自然）振り子方式は制御付き振り子方式に改良され、ＪＲ四国の２０００系気動車やＥ３５１系などＪＲ各社に採用されている。また最近はより構造が簡単な空気ばね上昇式強制車体傾斜が主流になりつつあり、新幹線Ｎ７００Ａ系やＥ５系などに導入されたほか、Ｅ３５１系の後継車となるＥ３５３系にも採用される。

もちろん曲線を安全に通過するためには乗り心地の問題のほか、転覆に対する安全性や車輪のレールに対する横圧、横圧と輪重の比である脱線係数などが限度内であることが必須である。

図1　制御付き振り子方式の概念図

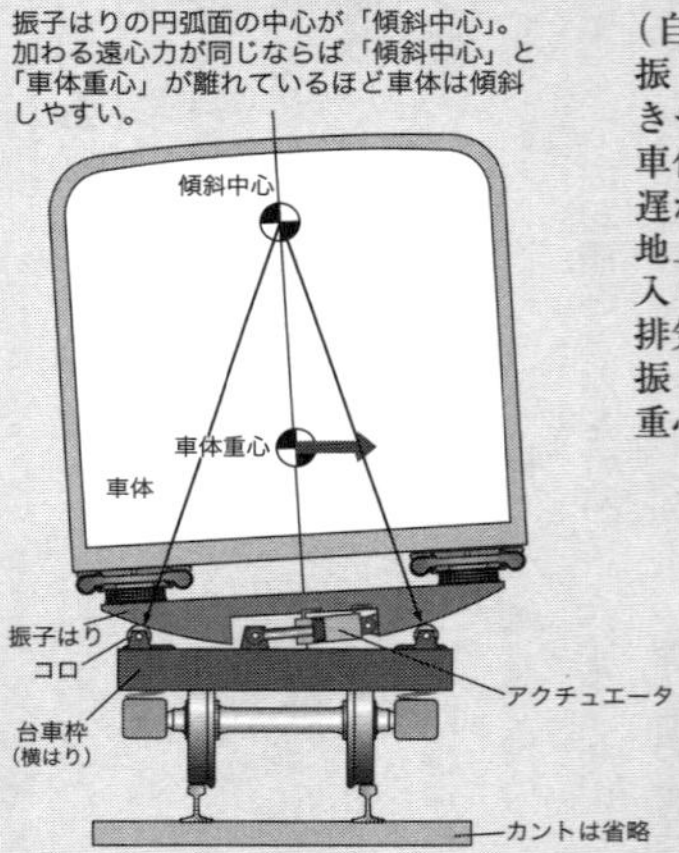

（自然）振り子方式は車体の重心を振り子中心よりなるべく低くし、傾きやすくしてあるが、コロの摩擦や車体の回転モーメントなどで傾きが遅れる。制御付き振り子方式はATS地上子の距離情報をもとに曲線の出入り口で制御シリンダーの空気を給排気し、振り子作用を補助する。最大振り子角度は通常5度程度。車両の重心は曲線の外側に移動する。

図2　空気ばね車体傾斜の概念図

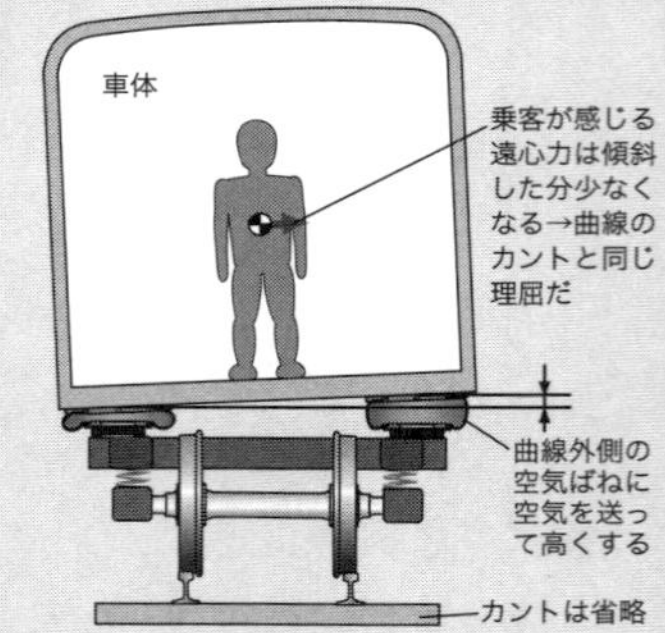

地上子の距離情報をもとに曲線出入り口で台車左右の空気ばねの高さを調整し、車体を強制的に傾斜させる。傾斜角度は1～2度程度。車両の重心は曲線の内側に移動する。

E351系のパンタグラフ部分。台車の上に立てた櫓をパンタグラフに通す穴が屋根に開けられている

※図版は野元浩著『改訂版電車基礎講座』（交通新聞社）より転載

第４章　新幹線の高速化・多様化の歩み

東北新幹線は1982（昭和57）年6月に大宮まで暫定開業し、中山トンネルの難工事で遅れていた上越新幹線も同年11月に開業した。大宮以南の用地買収が難航した結果、両新幹線とも計画より大きく遅れたうえに暫定開業を余儀なくされた。3年後の1985（昭和60）年に上野〜大宮間が開業し、その時に東北新幹線の最高時速は210キロから240キロにアップした。引き続き上野〜東京間の工事が進められたが国鉄改革の中でいったん中断、結局、JR化後の1991（平成3）年6月にやっと東京乗り入れが実現する。

当初のダイヤは東北新幹線も上越新幹線も200系12両均一の編成で、東北新幹線が速達タイプの「やまびこ」と各駅停車タイプの「あおば」、上越新幹線が速達タイプの「あさひ」と各駅停車タイプの「とき」という列車体系だった。

ところが「やまびこ」は速達タイプといっても、原則通過するのは小山・那須塩原・新白河・白石蔵王で残りは停車したし、仙台から先は一部の速達列車を除き大半が各駅停車という運行パターンで、速度を売り物にする新幹線の特性が発揮されているとは言えなかった。東海道新幹線に比べて沿線人口が少なく、輸送需要がどんどん先細りになる構造があり、中間の各駅にある程度の停車列車を確保しようとした結果だった。

一方で首都圏近郊では新幹線の通勤利用が拡大して、輸送力が不足する局面も現れ、東日本の新幹線はこうした需給ギャップをどう調整するかが、開業以来の課題となっていた。

8両から16両まであった200系の編成バリエーション

――新幹線のお話を伺います。東海道新幹線の編成が統一されているのに対し、東北・上越やその後の北陸新幹線の編成は多種多様です。このあたりの事情からご説明ください。

白川　東日本の新幹線網はミニ新幹線も含めて首都圏からいくつにも枝分かれしており、しかも東海道新幹線と比較すると沿線に大都市がなく、輸送需要が首都圏から離れると先細りになってしまいます。

――一方で通勤需要は増大していきます。

白川　国鉄時代に始まった新幹線定期券フレックスが普及します。企業の補助や税制上の優遇もあって、新幹線による近距離の通勤・通学が急速に伸びてきました。首都圏から離れた区間での過剰輸送力の削減と100キロ圏内の輸送力不足をどう補うかという2つの課題に対応しないといけません。

――上越側の輸送力調整が先行しました。

白川　12両編成の「あさひ」と「とき」は新潟まで運転しても、先に行くほど余り乗っていないということで、「とき」は民営化直前の最後のダイヤ改正で減車が始まります。12両を10両に、さらに8両にと短くしていきました。このため先頭車が不足することになり、民営化直前の1987（昭和62）年3月に発注していた200系新幹線先頭車4両が加わり、減車で発生した中間車と組んで新たな編成を作り需要の多い時間帯の増発に対応しました。このときの新製の先頭車が2000番代で、前面の形状は100系新幹線と同じようなややとがった格好の車体となりました。

その他、中間車から先頭車に改造した車両（2000番代と同じ先頭形状）やグリーン車を普通車に改造した車両、グリーン車を半室グリーン車に改造した車両、ビュッフェを車販準備室に改造した車両など、新車は作らないで改造、改造で凌いでいたのがJR初期の状況です。その後は、山形新幹線の開業に向けて400系との併結用の連結器・電気連結器を装備する改造も加わり、しょっちゅう200系の改造が行われていました。枝分れ新幹線の輸送力適正化と速達性の確保は現在も引き継いでいる課題です。

――１９９１（平成３）年に東京開業が実現します。これに先立って、２階建てグリーン車が誕生し、２００系の16両編成が作られます。輸送力調整との関係はどうなっているのでしょう。

白川　東京開業によって新幹線の利用者は大幅に増えました。16両編成にした理由のひとつに、東京開業時は東京駅の新幹線ホームが１面２線しかなく列車本数が限られますので、線路容量を最大限に活用する必要がありました。16両のH編成は６本作られ、東北新幹線の看板列車として主に速達タイプの「スーパーやまびこ」に使用されました。それに合わせて東海道新幹線と同じような２階建てグリーン車も導入しました。

２階建て２００系グリーン車は２４９形６両がまず１９９０（平成２）年６月に誕生し、翌年３月にはさらにそれとペアになる２４８形６両ができました。２４９形は２階がグリーン席で１階がグリーン個室、２４８形は２階がグリーン席で１階はビュッフェの代わりにカフェテリアにしました。付随車で重量が軽くて済むため、コスト面からもアルミではなくスチール製にするという作り分けをしています。２００系はアルミにしないと軸重が15トンを超えてしまう車両でした。

ただ、こうして作った２階建てですが、個室の利用は低迷していましたし、一時個室を

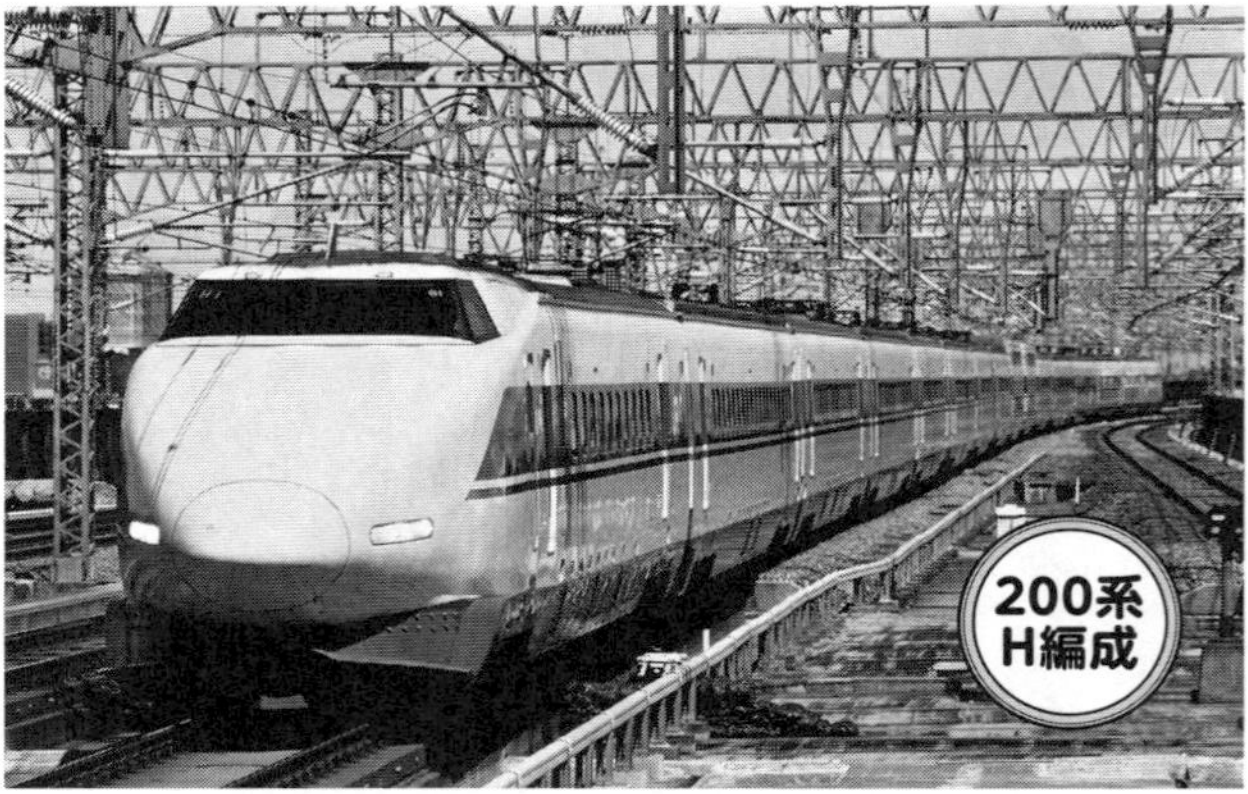

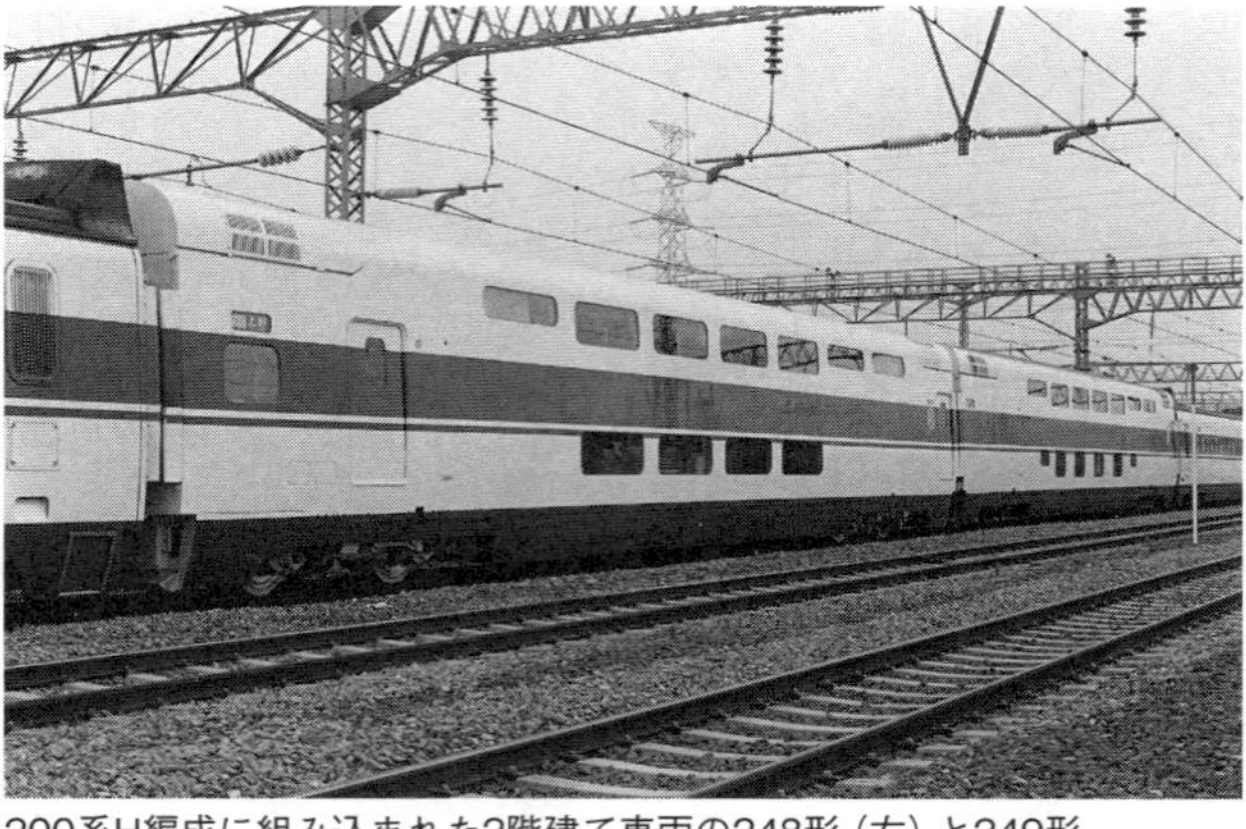

200系H編成に組み込まれた2階建て車両の248形（左）と249形

使って外部と提携したマッサージサービスや占いサービスの提供など、いろいろ試みたのですが利用は伸びず、カフェテリアも需要が少なくて248・249形の2階建て車両は2005（平成17）年に姿を消す形になりました。

――なぜこの時にグリーンだけ2階建て車の構想が生まれたのでしょう。

白川　2階建て車両は定員増の有効な手段として在来線でも積極的に導入され、新幹線でも後のE1系・E4系につながります。また、特に防音壁の背が高い東北・上越新幹線では眺望もよいというメリットがありました。しかし、後述するように速度向上に限界があり、2階建て新幹線は消滅していきます。H編成も看板列車というものの、仙台以北に行くと空席が目立っていました。

1992（平成4）年に山形新幹線が開業する。民営化後の新幹線網建設のスキームは財源の確保の観点から様々な議論を経て、山形の場合は在来線線路を標準軌に直し、新幹線車両を乗り入れる「ミニ新幹線」方式が採られた。福島〜山形間は約1年間をかけて改軌工事を行い、この時に板谷・赤岩など4駅のスイッチバックが廃止になる。

資金面では山形県からの無利子貸付金が使われ、車両も第三セクターの「山形ジェイアール直行特急保有」が所有、ＪＲ東日本に貸し付けるという形態をとった。ＪＲ東日本は、借入金の返済を優先するという方針を堅持、設備投資は減価償却の範囲内に抑えたこともあり、リース方式を活用した。

新在直通で新幹線車両初の分割・併合を実現した４００系
――山形新幹線用に開発されたのが４００系です。

白川　４００系の車体は在来線規格で台車のみ標準軌仕様になっています。新幹線区間の最高時速は２４０キロ、在来線区間の最高時速は１３０キロです。車体は２００系に比べて小さく軸重の心配がないこともあってスチール製です。当初は6両編成、１９９５（平成7）年から増結して7両編成になっています。東京方先頭車の11号車はグリーン車。普通車の指定席はシートピッチが９８０ミリですが、自由席は定員を増やすことで短く９１０ミリとなっており４８５系と同じです。塗装はシルバーの車体に緑の帯で、新幹線としては当時異彩を放っていました。

新幹線の２万５０００ボルト交流と在来線の２万ボルト交流の複電圧に対応しており、

制御は200系とほぼ同じサイリスタ位相制御で直流モーターを駆動します。新幹線で直流モーターを使用した最後の形式になります。

――在来線部分も走行するということで、特殊な装備があるのでしょうか。

白川　まず台車ですが新幹線では初めてのボルスタレス台車です。新幹線区間の高速安定性と在来線区間の急曲線の操舵性、つまり走りやすくするという両方を実現するために試験台車を3種類ほど作って比較試験をしました。台車の軸距離（車軸と車軸の間の距離）は200系の2500ミリに比べて少し短い2250ミリで、車輪がレールに当たる所の車輪踏面形状も曲線通過に有利な特殊な形状になっています。ただ、在来線区間を走りやすくすると今度は新幹線区間で蛇行動が出やすくなりますので、ヨーダンパを装備するなど工夫してあるということです。

200系の台車（DT201）は軸箱を両側から板ばね（支持板）で支える構造になっています。これはIS式といって0系新幹線以来高速走行を支える実績のある構造ですが、400系の台車（DT204）は軸箱を片側から上下2枚の支持板で支える構造に変わっています。これは車体が小さく床下スペースが限られているためです。ちょっと見には私鉄で普及しているS型ミンデンに似た形ですが、ゴムを挟んで支持する方式となっていて横方向に適度な弾性を与えています。また、営業最高時速は240キロでしたが、営業開始前年の1991（平成3）年9月に上越新幹線で試作車による高速試験が行われ、大清水トンネル内で時速348・8キロを達成しました。400系の台車はその後のJR東日本新幹線の台車の基本を作りました。

――ドアのところにステップが付きましたが、これもミニ新幹線特有の設備です。

白川　在来線に合わせた車両ですから、新幹線区間ではホームとの間で隙間ができてしまいます。そこで停まる直前にドアの下からステップを出して、乗降に問題がないような構造になっています。逆に在来線でこのステップが出たままだと危ないということで、その辺の安全システムはしっかり作りました。

――駆け込み乗車した人がステップに乗っかってしまうという事故があったようです。

白川　あったかもしれませんね。それもあって、ステップにセンサーが付いています。乗ったら動かないように……。また、見送りに来たお客さまが車両とホームの隙間に落ちる事故が懸念されたためにホームに柵を作ることが検討されましたが、400系だけでなく200系も走っていましたのでドアの位置が列車ごとに違います。それで固定柵は困難ということになり、結局赤いテープで柵の代わりにしましたが、未だにそれが続いています。

それと最大の特徴は新幹線区間で２００系（当時）と連結するための連結器と電気連結器を上野方に装備していることです。福島駅で停車中とはいえ、新幹線の本線上で分割・併合をすることは初めての試みです。

――山形新幹線が福島駅に入るところは変則です。後から割り込んだのであの線路配置しかできなかったのでしょうか。

白川　福島駅での下り列車の分割、上り列車の併合は両方とも下り２番線を使って行います。そのため下り列車はいいのですが、上り列車はいったん下り本線を横断して下り２番線に入り、奥羽本線から来た新在直通車両を待って併結し、再び下り本線を横断して上り本線に出ていく必要があります。ＡＴＣで防護されていますので安全上は問題ありませんが、ダイヤ構成上のネックになることは否めません。

上り２番を作って上り列車の併合を行うのが理想ですが、奥羽本線からの「取り付け」（アプローチ）が難しく現在の姿になっています。

奥羽線のダイヤが乱れた場合には、山形から来た上りの「つばさ」は地平の在来線ホームに入れて併合を諦め、福島止まりにしたり、逆に下りの「つばさ」を分割せずに仙台まで流したりしています。

——「つばさ」で行った分割・併合は新幹線では初めてです。枝分かれの象徴的な出来事ですが、安全面や技術的に何か問題はありましたか。

白川　停まっている列車の所へ後から付いていくので、普通のATCでは入れません。奥羽本線内はATS－Pで走りますが、これに併合の論理を付加して安全に連結できるようにしてあります。

連結した後、お互いに問題なくつながったか確認する回路というのがあります。電気連結器で、全部正常に連結できているかどうかを確認しています。

——改軌は私鉄では例がありますが、国鉄、JRでは初めてでした。改軌自体に対する懸念や反対論はありませんでしたか。

白川　約1年の工事中に列車を運休しなければなりませんが、乗客の少ない線区に新幹線を延伸していく場合に、コストを抑えるためにはああいう形が必要だという認識です。いわゆるミニ新幹線方式で一時は長野新幹線もこの方式を考えられていたくらいですから。

山形新幹線の開業式

改軌工事の様子

次世代の新幹線開発のための試験車として１９９２（平成４）年に９５２・９５３形が製作される。「ＳＴＡＲ21」（Superior Train for Advanced Railway toward the 21st）と称したが、ここでもボギーと連接の両方式が登場する。ＪＲ西日本の５００系と同じ蜂の巣構造のアルミハニカム構造、アルミダブルスキン構造、それから飛行機と同じ作り方のジュラルミンリベット構造など、いろいろな作り方のものをテストした。ジュラルミンリベット構造は川崎重工業が飛行機を製作しているため、その技術を活用している。主回路はその頃普及し始めたＧＴＯ素子によるＶＶＶＦで交流誘導モーターを駆動する方式とした。

東北新幹線仙台〜北上間や上越新幹線越後湯沢〜新潟間などで騒音・微気圧、軌道に与える影響などが試験された。軽量化によって高速化が可能になり、上越新幹線で１９９４（平成６）年に４２５キロの速度記録を達成する。この「ＳＴＡＲ21」で試験された個々の技術は、その後の新幹線車両に生かされている。

東京駅新幹線ホームの事情で製造されたオール２階建て新幹線

――４００系の次の新車として全２階建てのＥ１系が１９９４（平成６）年に登場しま

すが、これは東京口の通勤客対応ということですか。

白川　その通りです。新幹線通勤・通学が好調で東京〜宇都宮・東京〜高崎間の輸送力確保が課題になってきますが、東京駅のホーム容量の関係で列車の増発ができないので列車定員を増やしたものを作らないといけません。東北新幹線は16両編成が入れますが、当時上越新幹線は12両編成しか入れないということで、12両をすべて２階建てにしました。定員は１２３５名で２００系の16両編成に匹敵するものです。

車体はスチール製になっています。強度上の要因もあったと思いますが、やはりコスト面からの要請ではないかと思います。そのため編成重量は６９２・３トンと重くなりました。愛称がＭａｘ（Multi Amenity Express）。列車名も「Ｍａｘとき」とＭａｘを付けて使われていました。

自由席車では着席こそ最大のサービスと言えば聞こえはいいのですが、３＋３のリクライニングなしのベンチシートになっています。さらにドアも幅を広くして、デッキに折り畳み式のジャンプシートまで作って、できるだけ座る席を確保するという通勤列車のコンセプトです。折り返し駅で座席を自動回転する仕組みを入れました。これは東京駅での短時間の折り返しに対応するもので、その後の新幹線車両の標準装備になりました。

——新幹線では初めてＶＶＶＦを採用しますし、技術的には様々な工夫があるようです。

白川　６Ｍ６Ｔの12両編成ですが電気システム的にはTc（Ｔ）＋M_1＋M_2＋Ｔの２Ｍ２Ｔを１ユニットとして３ユニットをつなげた構成です。トランスやＣＩ（コンバータ・インバータ、50ヘルツの交流を直流にして再び可変周波数交流にする主要機器）は、M_1・M_2の台車上の機器室に搭載しています。主電動機は交流かご型電動機で４１０キロワットと非常に大型で最初はちょっとトラブルもありまして苦労しました。台車（ＤＴ２０５）は４００系で採用されたボルスタレス台車で軸箱支持もゴムを挟んだ板ばね２枚で支持する方式です。ただし新幹線専用なので軸距離は２５００ミリです。

ダイヤ構成を通過・各停タイプから距離帯別に方向転換

——東日本の新幹線は枝分かれの悩みというお話でした。そこから列車体系の変更が試みられてきます。

白川　東京開業で利用者が増え、山形新幹線の開業でお客さまのニーズも多様化すると、開業以来の通過タイプ「やまびこ」と各停タイプ「あおば」というダイヤ構成が限界にきていました。例えば同じ「やまびこ」でも輸送力の調整と停車頻度の調整で、様々な停車タイプが発生して複雑怪奇になっていました。これをすぐには直せませんが、「通過・各停」をやめて距離帯別にする方針を立てました。

１９９５（平成７）年にまず近距離タイプの「なすの」（東京〜那須塩原）を新設しました。一部の「あおば」を置き換えましたが、当時は列車本数が十分でなく、まだ「あおば」も残るという状況でした。転機になったのが１９９７（平成９）年３月の秋田新幹線開業です。秋田までとなりますと当然飛行機との競争が視野に入り、何とか速達性を達成したいとなります。この時から２７５キロ対応のＥ２系・Ｅ３系が投入され、それに合わせていろいろなことをやりました。今はもうなくなっていますが、一部の「こまち」は仙台で分割・併合にして、仙台からは先に「こまち」が通過タイプで盛岡まで行って、その後に各駅に停まる「やまびこ」が追いかけるという列車も作りました。このために現在でも仙台駅には分割・併合する装置が残っています。

――半年後の１９９７（平成９）年10月に長野新幹線が開業し、同時に東京駅が２面４線になりました。中央線ホームを高架化し、第２ホームから第５ホームを１つずつ移動して新幹線ホームを増設するという大工事でした。

白川　折り返し時間は依然として12分という厳しいパターンを使っていましたが、これで増発が可能になり、ダイヤ構成もいろいろ工夫ができるようになりました。これを機に「あおば」を廃止して近距離の「なすの」と、仙台を含んだ仙台以遠に行く「やまびこ」の体制に変えています。同時に上越新幹線も東京～越後湯沢までの「たにがわ」を作って、「たにがわ」と越後湯沢以遠の「あさひ」（後に「あさま」と紛らわしいという声もあって「とき」に変更）との体制に変えました。１９９７（平成9）年3月の北越急行開業によって、首都圏と北陸地方を結ぶ主たるルートは長岡経由から越後湯沢経由になり、越後湯沢駅の重要性が増しました。また、１９９０（平成2）年12月にＪＲ東日本が開設したガーラ湯沢スキー場へのアクセスで、越後湯沢から分岐したガーラ湯沢駅までの臨時列車も多数設定されました。

――一時、上野始発の新幹線がありました。

白川　2面4線になる前は、東京駅が限界でしたから、臨時列車は上野発にせざるをえませんでした。東京駅の改良が完成してからは、基本的にはなくしています。

２００系の後継車として開発されたＥ２系

――ＪＲ発足から10年でようやく２００系の後継車が営業運転を開始します。

白川　４００系やＥ１系を別として主力は２００系をずっと使いまわしてきましたが、長野新幹線開業を控え２００系の後継標準車Ｅ２系を開発することになりました。Ｅ２系は１９９２（平成４）年に作られた高速試験車「ＳＴＡＲ21」の技術を使っています。当時の新幹線最高時速２７５キロを目標に開発し、Tc$M_2$$M_1$$M_2$$M_1$$M_2$$M_{s1}$Tcの８両編成、車体はこの形式からアルミ合金製になりました。台車はＥ１系と同じゴムを挟んだ支持板方式のボルスタレス台車（ＤＴ２０５）です。１９９５（平成７）年に東北新幹線用のＪ編成と長野新幹線用Ｎ編成の量産試作車が完成し、２年後の３月の秋田新幹線開業時、同年10月の長野新幹線開業時にそれぞれＪ編成、Ｎ編成の量産車が営業運転に入りました。

　高速運転での騒音対策、トンネル微気圧対策として先頭部形状は風洞試験やシミュレーションで最適化しました。また側扉をプラグドアにして車体との平滑化を図り騒音を減らしています。パンタグラフは新幹線伝統の下枠交差型タイプですが、大型のパンタカバーを取り付けて騒音を減らす工夫をしています。Ｊ編成は「こまち」「つばさ」と併結するために、格納型連結器を下り方に装備しています。一部の編成にはシーメンス製のＶＶＶＦ制御器を採用しましたが、今は取り換えられています。

E1系

E2系

――長野新幹線は技術的に特別の仕様がありますか。

白川　長野県は中部電力で軽井沢から先は60ヘルツです。そのため長野新幹線用の車両は50ヘルツ／60ヘルツ両用になっています。また長野新幹線は碓氷峠で35パーミルの急勾配がありますので、抑速回生ブレーキを搭載しているのが特色です。

乗り心地改善のために新技術を導入したE2系の増備車

――東北新幹線は2002（平成14）年に八戸まで延伸されます。それに合わせてE2系が増備されて1000番代を名乗りました。新形式ではなく、マイナーチェンジになっています。

白川　E2系は安定した実績で200系の置き換えは順調に進みましたが、八戸開業に向けて、さらにE2系の増備が必要になりました。1995（平成7）年に試作車を作ってから7年経っていましたので、新形式にするという議論もありましたが、E2系と共通に運用する必要があることから車両の基本的構成はそのままでマイナーチェンジしたE2系1000番代にしました。ただし、できるだけ新しい技術を入れました。

――乗り心地の改善がいい例です。

白川　その頃、新幹線の乗り心地が低下しているのではないかという話があって、その議論の中で軌道の狂いが少し増してきているという可能性がありました。ただ東北新幹線のようなスラブ軌道の軌道修正というのは、相当に多額の費用と時間がかかります。東海道のようにバラスト軌道ならマルタイで丁寧にやれば良くなっていきますが。

軌道側も対応しますが時間がかかるため、車両側で対処するということで浮上してきたのがアクティヴ・サスペンションの採用です。ただしこれは上下ではなく横揺れだけです。

アクティヴ・サスペンションは2種類あって、車両の横方向の揺れをセンサーで感知して空気シリンダーで揺れを抑える方向に力を加えるフルアクティヴ・サスペンションと、空気シリンダーで抑える代わりに台車の横ダンパの減衰力を弁で変えて揺れを抑えるセミアクティヴ・サスペンションがあります。１９９９（平成11）年営業開始の東海道新幹線７００系では、一部にセミアクティヴ・サスペンションが使われていました。Ｅ２系１０００番代では、より効果の高いフルアクティヴ・サスペンションを先頭車とグリーン車に入れ、その他の車両はセミアクティヴ・サスペンションを使うことにしました。

――先ほど路盤の狂いを車両側で対応するというお話でしたが、国鉄時代でしたら施設局

の責任といって工作局がそっぽを向くような事例だと思って聞いていました。ＪＲではさすがにそんな縦割り意識はなくなっていたのでしょうか。

白川　鉄道事業本部の会議で議論が出て、どうするか検討します。施設側はこれだけお金がかかると、車両側だとこのくらいだと。すると車両側なら10分の１以下でした。それならアクティヴ・サスペンションを導入することで、まず車両側で解決してやろうじゃないかということです。

――かなり難しい技術のようですが、実用化に問題はなかったでしょうか。

白川　フルアクティヴ・サスペンション技術は、当時の住友金属、今の新日鉄住金が開発していましたが、なかなか採用されないということで技術陣は解散直前だったようです。そこで当社がＥ２系に使うと話しますと、「本当に使いますか」と何度も私のところに確認にきたという経緯もありました。その後のＥ５系はもちろん、在来線のＥ２５９系やＥ６５７系にも採用しています。

アクティヴ・サスペンションの他に、７００系で使っているような車間ダンパを付けています。１５１系電車や20系客車などから採用されていた車体の妻面のダンパではなく、隣同士の車体の台枠部分を大きなダンパで結んで車体のヨーイング（横揺れ）を抑えるタイプです。

主回路はGTO素子だったものをE231系で実績のあるIGBT素子のVVVFに換えています。パンタグラフは新設計のシングルアームタイプで、碍子を流線形にしてその上に載せるという新しい発想のタイプにし、大型パンタグラフカバーも廃止しています。

——アクティヴ・サスペンションは、揺れに追随する仕組みが難しそうですが。

白川　担当者は調整に苦労していました。トンネル区間と明かり区間では車体の揺れ方も大きく違ってきますから、両方に最適な状態に調整する必要がありました。

——その辺りが住友金属の技術だったのですか。

白川　基本の仕組みは住金ですが、それをうまく調整するのは実際に列車を走らせて行いますからJR側とメーカーが協力して行う必要があります。

車体は全面的にアルミダブルスキン構造を採り入れています。0番代では床だけがダブルスキン構造です。外観は、客室窓を2窓連続タイプに変えました。これはE1系の窓と共通仕様で、グリーン車の窓も0番代と比べやや幅が広くなっています。内装も木目調に変えて照明の形も一新しました。同じE2系ですが、要所要所に新しい試みを入れています。サービス差別化の一環としてグリーン車のトイレに温水洗浄式（いわゆるシャワートイレ）を設置したのも新しい試みです。市販品の温水トイレを使ったのですが技術陣は思わぬ苦労をしたようです。車両の電源は架線のセクション通過時などに一瞬停電するため、水が止まったり出っぱなしになるなど誤動作してしまうのです。電源安定化装置などを追加して解決しました。温水洗浄式トイレはその後のＥ５系などの標準装備になりました。

好調にお客さまが増えていたので、８両編成だったＪ編成を10両化にし、０番代のＪ編成にも後から中間電動車２両を挟んでいます。追加した中間電動車は１０００番代と同じ２窓連続タイプですから、後から入れたというのがよく分かります。また、アクティヴ・サスペンションはＪ編成のＥ２系の０番代にも後から改良して全部に取り付けました。

２７５キロ対応のＥ２系の増備を待って１９９９（平成11）年12月に、Ｅ３系「こまち」を併結する「やまびこ」をすべてＥ２系にしてスピードアップする。そして、２００２（平成14）年12月の八戸開業を機に、速達体制の確立とパターンダイヤの導入をポイントとした大幅なダイヤ改正を行い、新幹線本来の高速列車体系ができあがる。

パターンダイヤ化へ奥羽本線の交換設備増設

――新幹線のパターンダイヤ導入について伺います。

それまでの東北・上越新幹線のダイヤは列車本数が十分でないことから、各駅の停車回数を見ながら個別の列車ごとに、この列車を停める、停めない、通過させるという複雑怪奇なダイヤになっていて、「余程頭のいい人でないと新幹線のダイヤは作れない」という半分冷やかしの声があがるくらいでした。利用者にも運行する側にも変なダイヤになっていたというのは事実です。

そこで、パターンダイヤを入れることにしたのですが、パターンダイヤというのは余程その気になって設定しないと、いろいろな例外処置が出てくるとすぐパターンが崩れてしまいます。

――素人考えですが、その気になるかどうかだけの問題で、やると決めれば簡単なように思えます。どんな障害があるのでしょうか。

白川　秋田新幹線についていえば、大曲～秋田間の交換設備の不足が問題になりました。秋田新幹線はもともと田沢湖線と奥羽本線ですが、田沢湖線内は各駅で交換ができます。ところが奥羽本線に入りますと逆に、新幹線と在来線が単線並列になっていて交換設備が少なかった。確か和田駅にしかなかったため、これではどうしてもパターンダイヤは組めないということで、２００２（平成14）年12月に羽後境駅に待避線を増設してここでも交換ができるようにしました。

――速達列車の扱いも悩ましいそうですね。

白川　「速達列車をやめると最短到達時間が延びる。それは許されない」とこだわる意見もありましたので、速達列車は一番列車または最終列車にすることで他のダイヤに影響を与えないようにして、何とかパターンダイヤを崩さないようにしました。

「こまち」併結の速達列車は、新しい列車名称の「はやて」にし、大宮～仙台・仙台～盛岡は原則ノンストップにしました。この時点で（２００２年）原則速達「はやて」が１時間に１本、盛岡「やまびこ」が１本、「つばさ」併結仙台「やまびこ」が１本、その他「なすの」という列車体系になり、ようやく新幹線本来のサービスが実現しました。

――東北はすっきりしましたが、上越新幹線の方はどうだったでしょうか。

白川　上越新幹線と長野新幹線はなかなかこのようにきれいにできません。途中駅というと高崎と越後湯沢あるいは軽井沢で段落としがある程度で、余り工夫のしようがないのです。それでも東京口のダイヤはできるだけパターン化して東北新幹線に影響を与えないようにしました。

――「速達列車」は営業上はインパクトがあって重要なのでしょう。「最速2時間58分」とかアピールできますから。

白川　一時期、上野や大宮、仙台通過というものも作ったりしてずいぶん苦労します。ただ短縮効果は数分ですし、お客さまにとっても乗り間違いが生じやすいことも考えなければなりません。

４００系に続く新在直通用のＥ３系

――１９９７（平成９）年に新在直通の第２弾で、秋田新幹線が開業します。それに合わせてＥ３系が生まれました。山形新幹線の４００系と比べて変わったところはどこですか。

白川　新在直通車両で基本的には４００系山形新幹線と同じ発想です。技術的にはＥ２系と共通で最高時速は２７５キロです。当初は４Ｍ１Ｔの5両編成でスタートしましたが、秋田新幹線は開業してみると思ったより好調で、１９９８（平成10）年に中間付随車を1両増結して４Ｍ２Ｔの6両編成にしました。最初のＥ３系のＶＶＶＦはＧＴＯ素子でしたが、途中の18編成目からはＩＧＢＴ素子に変更しています。これもＥ２系基本番代車と1000番代車の関係に準じます。台車も基本的な構造は400系に準じ、軸距離も同じ2250ミリです。

E3系は当初200系とも連結していたことがありましたが、E2系の増備によって1999（平成11）年からE2系に一本化されています。E3系はもともと275キロ仕様ですが、200系は最高時速が240キロですから、併結すると東北新幹線側の編成に制約されます。「こまち」の相棒がすべて275キロのE2系になったということで、パターンダイヤ化できるようになりました。

――400系ではグリーン車は2＋1の3列座席でしたが、E3系では4列に戻っています。

白川　在来線の特急車両と同じく2＋2の4列になっています。東日本のグリーン車は400系だけが例外で、みんな4列座席です。グリーンの採算性が低いと住田社長がかなりこだわりまして、それで4列にしてあります。

――1999（平成11）年12月に山形新幹線の山形～新庄間が延伸します。その際の増備車はE3系1000番代になりました。

白川　新庄延伸で400系が足りなくなりますが、今さら400系でもないのでE3系

1000番代を2編成投入しています。また、400系の置き換えとして2008（平成20）年からはE3系2000番代の7両7編成が投入されています。

高速列車では世界最大の定員1634名を誇るE4系
――2階建て車両の後継としてE4系が1998（平成10）年に登場します。

白川　E1系は近距離、通勤・通学輸送の定員を確保するという目的で開発されたことは前に申し上げましたが、12両固定編成で1200人を超える輸送力なので、時間帯や区間によっては輸送力を持て余す状況でした。また車体断面が大きくトンネルで微気圧波が出て、場所によって騒音の苦情が出ていました。そのために8両＋8両の分割ができ、かつ先頭の形状を改良したE4系を開発しました。電気的にはE1系と同じく2M2Tの4両を1ユニットにして、2ユニットをつないだ形です。主回路はVVVFの半導体素子がGTOからIGBTになり、モーターの出力もE1系より強力になっています。

座席などの配置はE1系に準じて自由席車の2階は3列＋3列です。8両編成の定員は817名でE2系10両編成に匹敵します。

格納式の連結器は200系やE2系が片側だけに装備していましたがE4系は両先頭車

両に装備しＥ４系同士の併結ができます。Ｅ４＋Ｅ４の16両１６３４人の定員から、Ｅ４＋Ｅ２、Ｅ４単独と需要に応じて列車定員を調整できるようになりました。

――細かい改良ですが、ワゴン販売専用のエレベーターが取り付けられます。

白川　Ｅ１系のときにワゴンを押して車内販売できないため、販売員がバスケットで販売していました。当然ながら改善要望が強く、エレベーターを備えてワゴン販売ができるようにしました。車販の人たちが、ちょっと休憩するスペースがなかったので、休憩室を設けたりしました。

――その２階建て車両が消えていくようです。

白川　２０１２（平成24）年までは「つばさ」併結「やまびこ」に使われていましたが、現在は上越新幹線のみの運用になっています。Ｅ４系は最高時速が２４０キロに抑えられていて、東北新幹線の速度向上の足かせになるためです。現在は北陸新幹線用のＥ７系が増備されてきてＥ４系の廃車が進み、東北・上越新幹線の２階建て車両がまもなく消滅するということになります。

――なぜ最高速度が低いのでしょう。

白川　軸重が重いことと車体断面が大きく騒音を低減するのが難しいのです。これは２

E4系普通車自由席の車内

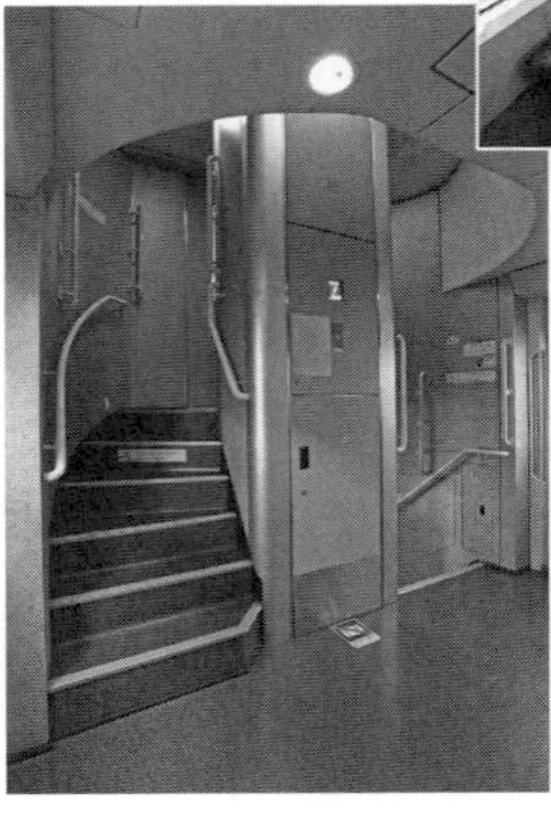

E4系に設けられた
車内販売用のエレベーター

階建て車両の宿命ですね。Ｅ２系以降の新幹線は軸重が12トン以下ですが、Ｅ４系は約14トンです。

「新築そっくりさん」のようだった２００系のリニューアル

――新幹線は新形式が次々登場する一方で、２００系のリニューアルが並行して行われます。どんな経緯だったのでしょう。

白川　新幹線車両はトンネルの耳ツン対策で気密構造になっていますが、０系のときの経験から、15年を超えると気密性能が低下します。溶接部が劣化してそこから空気が漏れてくるのです。そのため０系は15年くらいから全部取り換えています。

２００系についても気密度の調査をしたところ、アルミ車体は錆びないので溶接部の劣化が少なく、気密性能の低下はほとんどないということで、もっと使えるのではないかという議論もありました。ただ屋根の樽木に亀裂が入り、実はこれは亀裂どころか折れまして、トンネルを走っているときに新幹線の天井が上下する事故がありました。それでやはり早めに取り換えないといけないという話になり、Ｅ2系を投入して１９９８（平成10）年から２００系を取り換える計画をスタートさせます。しかし２００系は、１９８２（昭和57）年の東北・上越新幹線開業時に一斉に投入しましたので、ここでまとめて取り換えますとまた次の取り換え時に「ヤマ」ができます。少しでも平準化したいという思いがあり、一部をリニューアル更新して延命をすることにしました。

――更新の場合は、どこまでやるかがポイントですね。

白川　台車枠は取り換えた方が無難であろうということで全部取り換えています。屋根の補強はもちろんしていますし、新車室内を住友不動産の商品名の「新築そっくりさん」のように構体（車体の枠組み）だけを残して内装をE２系並みに新しくしてあります。評判の悪かった座席もE２系と同じタイプのものに取り換えましたし、天井や窓のキセはE２系と同じFRP（繊維強化プラスチック）になっています。

リニューアルをアピールするために先頭車のイメージを変えようと、運転台の窓ガラスを曲面ガラスに変更しています。余り技術的には意味がありませんが、これは趣味の領域ですね。塗装も２００系に準じて腰部を紺色に上半部をクリーム、窓下に緑の帯にしました。２００系のリニューアルは、１９９０（平成２）年から10両編成９本、計90両実施しました。

E3系
2000番代

200系
リニューアル車

コラム③

新幹線3列座席回転の妙

0系新幹線の普通席は3列＋2列の転換座席（背もたれを前後に倒すタイプでリクライニングはしない）だったのに対し、200系新幹線は新製時から3列＋2列の簡易リクライニング式座席であった。シートピッチは980ミリで、3列座席は回転するスペースが無いため車両の半分から前後で背中合わせに（集団離反型）固定され、評判がいま一つであった。同様の座席は並行して0系新幹線にも使われたが、東海道新幹線では後に増備された100系以降シートピッチを1040ミリに拡大し3列座席も回転可能にした。

JR東日本になって評判の悪い座席を解消する知恵を絞り、3列座席の両端のひじ掛けを残して座席部分だけを回転させる方式が考案された。この座席は1990（平成2）年から200系H編成の一部に採用され、その後座席更新に合わせて拡大した。

また、E2系からはリクライニングしない時の背ずりを垂直に立てるとともに、両端のひじ掛けに丸みを帯びさせたり、隣の座席が回転するときにぶつかるB席の座面も後退するようにして3列座席をぎりぎり回転可能にした。当初はリクライニングすることに不慣れな乗客が不自然な姿勢で座る場面もあったが、その後の改良ですこし背中に力を入れると自然な状態まで背ずりが倒れるようになった。

なお、後述のE5系・E7系からはシートピッチが1040ミリに拡大された。

3列座席が集団離反型だった
200系の普通車

3列座席も回転可能になった
200系H編成の普通車

ひじ掛けも含めて3列座席が
回転が可能になったE2系の
普通車（写真はさらに改良が
加えられた1000番代車）

シートピッチが拡大された
E5系の普通車

コラム④

新幹線の中国への輸出

２０００年代に中国へ新幹線技術を供与することになる。現在の中国は新幹線大国になったが、当時は試行錯誤の状態で、日本やヨーロッパから技術導入して、各国の技術を比較していた。青島に試験線を作り、取得した技術で自主開発を試みるが難航、結局、日本とドイツ、カナダから技術導入する。

日本側は川崎重工業がＥ２系をベースに技術供与した。Ｅ２系の図面はＪＲ東日本が有償で提供した格好になっている。国内には中国への技術流出を疑問視する声もあったが、欧米勢が進出するのは確実な情勢だったため、供与に踏み切った。

現在は、車体は中国で生産しているが、主要部品は引き続き日本のメーカーが輸出している。中国の技術レベルは年々向上するが、それよりも日本は先行していく必要があるというのが当時のＪＲ東日本社内の共通認識だった。

中国はこのあと、Ｅ2系を３００キロ以上で走らせるなど独自の改良を進めるが、これに対して川崎重工業などが、「２７５キロ仕様の契約だから責任が持てない」と強く抗議をした一幕もあった。現在は車軸を太くするなどの対策が採られているようだ。

第5章　E5系・E6系新幹線による高速化への再挑戦

Ｅ2系・Ｅ３系で２７５キロ運転の高速体系がいったん完成するが、東北新幹線の新青森開業、北海道新幹線の新函館北斗開業を視野に、再び速度向上の動きが浮上する。２０００（平成12）年にＪＲ東日本が発表した中期経営構想に「世界一の鉄道システムを構築する」目標を掲げ、その中に「３６０キロ運転に挑戦する」という項目が盛り込まれた。２００２（平成14）年に「新幹線高速化推進プロジェクト」が発足、世界最高速の３６０キロを狙う「ＦＡＳＴＥＣＨ３６０Ｓ」と新在直通用の「ＦＡＳＴＥＣＨ３６０Ｚ」という試験車が生まれる。

騒音対策で先頭車の鼻の長さが16メートルにもなったＥ５系

――新幹線はさらに速度向上した３２０キロ運転のＥ５系・Ｅ６系が登場します。このあたりの経緯をお聞かせください。東北新幹線の新青森開業が具体化している時期です。当然、飛行機との競争、一段の高速化という経営上の戦略もあったと思います。

白川　一時期、「もうこれ以上速度向上する必要がないのでは」という意見もありましたが、２０１６（平成28）年の北海道新幹線の開業も視野にありますので、一層の到達時間の短縮が望まれている状況もありました。

――すんなりと実現したのでしょうか。

白川　究極の高速車両ということで走行安定性やブレーキ性能といった安全性、騒音・振動といった環境対策などあらゆる側面から新技術が検討されました。車両の全体構成はE２系・E３系の流れを汲むアルミ・ダブルスキン構造で、制御システムも同じVVVFです。試験車の一部では永久磁石の回転子の同期モーターを試験しましたが、これは結局採用されませんでした。

速度向上のポイントのひとつが台車です。空気ばねを柔らかくするとともに、曲線では空気ばねの給排気で車体を傾ける強制傾斜式を採用しました。東北新幹線の曲線半径は基本的に４０００メートルの半径になっていますが、これでも２７５キロを超える速度になりますと横方向の加速度（超過遠心力）が大きくなり、乗り心地が悪くなります。それを防ぐために採用しています。E２系と同じようなフルアクティヴ・サスペンションを装着しますが、空気シリンダ式は空気を非常に多く消費するという欠点もありましたので、電気式アクチュエータのフルアクティヴ・サスペンションになっています。

――空気抵抗によって速度を落とす空力ブレーキの試験もありました。リニアでも検討されたアイデアです。

白川　地震発生時などを考えると、できるだけ早期に地震動を感知しかつ速度を下げることが必要です。緊急ブレーキ時に屋根上に進行方向に直角に板を立てて、空気抵抗でブレーキ距離を縮めようとする試みをしました。その形状から「ネコ耳」とニックネームがついて話題となりましたが、構造上複雑だということもあり、そこまでしなくてもいいと量産車には反映されませんでした。緊急ブレーキ時の車輪の滑走を防ぐためセラミックの粒子を車輪とレールの間に噴射する装置も付けました。

――高速化の場合は騒音対策も重要になります。

白川　沿線の騒音を環境基準以内に抑える、これが大きなハードルです。まずトンネルに高速で突っ込んだときに、トンネルの反対側からドーンという音がする微気圧波対策が必要です。非常にハードルの高い課題でした。「ＦＡＳＴＥＣＨ」でも様々な対策が工夫されています。先頭形状は微気圧波対策のため極めて長く16メートルも取りました。車体の長さが25メートルですから、その半分以上になっています。

騒音対策として床下は台車部分も含めカバーで覆い、車両間の幌は、車体と平滑にするために全周幌にして、連結部分で音が出ていることを防いでいます。パンタグラフは摺《す》り板を1枚の板ではなく10分割して細かい板を並べた格好にして、それをばねで支えて離線

FASTECH
360S

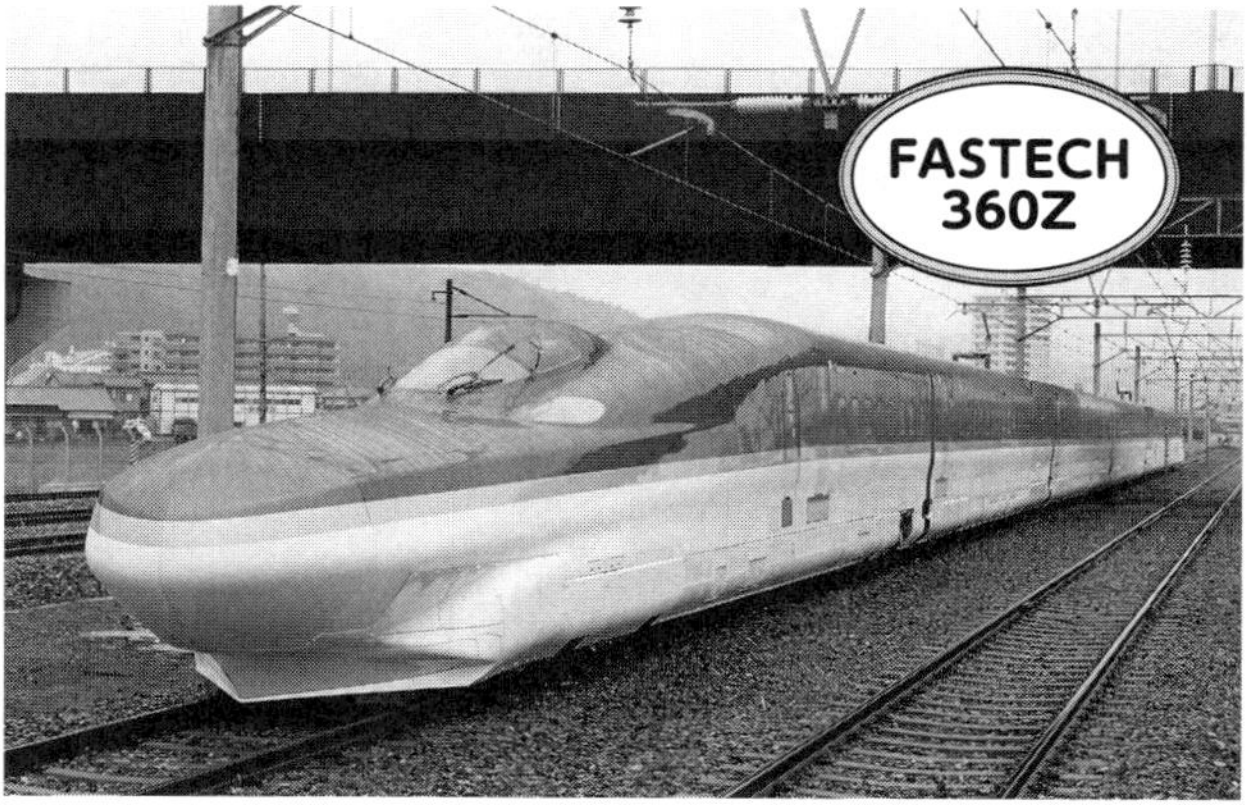
FASTECH
360Z

によるアークの発生に伴う騒音を抑止しています。

このほかに地上対策として例えば、一部防音壁を高くするとかトンネルの出入り口の風洞の形を変えるとか、あるいは架線を非常に強く張るとか、そういったことを含めていろいろ試験をしました。

その結果を総合的に分析して、最高時速は３２０キロが妥当だという結論となり、量産車としてＥ５系を開発することになりました。

――２０１１（平成23）年からＥ５系が営業運転を開始します。設計思想はそうしますと、この「ＦＡＳＴＥＣＨ」の成果を盛り込んだわけですか。

白川　綿密な試験結果を反映して量産したのがＥ５系とＥ６系です。したがって試験車に非常によく似た量産車になっています。過去の試験車というのは量産車と違っていることが多いのですが、今回はかなりの部分がＥ５系・Ｅ６系に反映されているということです。

２０１０（平成22）年11月の八戸～新青森間開業には間に合いませんでしたが、翌年３月５日から最速列車「はやぶさ」に充当され、最初は最高時速３００キロで営業を開始しています。直後の３月11日に東日本大震災が発生して、東北新幹線が１カ月以上不通になりました。４月に全線開通しても速度制限がありまして、最高速度で走れなかったのですが、９月に復旧工事が完了して宇都宮〜盛岡間で３００キロ運転が復活、２０１３（平成25）年からは目標の３２０キロ運転を開始しました。

——Ｅ５系の「はやぶさ」はハイグレードの「グランクラス」が話題になります。

白川　先頭車はロングノーズの関係で定員が少なくなります。通常のグリーン車とする案もありましたが、航空機のビジネスクラス級の座席にして、特別料金を徴収するという施策が採用されました。

普通車の座席間隔はＥ２系までは東海道新幹線７００系よりも狭い９８０ミリで、窮屈という意見もありましたが、このＥ５系から１０４０ミリに拡大され、居住性が改善されています。ただし、Ｅ６系は２＋２列座席ということで９８０ミリのままです。

フェラーリの赤をまとって鮮烈デビューしたＥ６系

——２０１３（平成25）年３月改正から営業運転に入ったＥ６系は鮮やかな赤が印象的です。

白川　デザインを超高級スーパーカー「フェラーリ・フエンツォフェラーリ」のデザイ

E5系のグランクラス

ナーとして知られる奥山清行氏が担当しましたが、車体の色はフェラーリと同じような真っ赤な屋根で、印象的な非常にいい色だと思います。

――E6系の新車効果で、秋田新幹線の乗客が増加したとの分析もあるようです。

白川　先頭部分が長くなった分E３系に比べて定員が減るので、６両から7両編成に増強しています。そのため田沢湖線の駅や車両基地などの地上設備を改良しました。24編成が投入され、２０１４（平成26）年３月改正からE３系「こまち」の全数がE６系に置き換えられて、E５系との併結運転で「はやぶさ」＋「こまち」は、最高時速３２０キロで全列車営業運転するようになり、こうした時間短縮効果も乗客増につながります。

――「やまびこ」や「なすの」に入ることがありますが、その場合の最高速度は２７５キロですね。

白川　まだE２系などが残っていますから、それとダイヤ上合わせる必要があります。E２系が淘汰されますと、３２０キロ運転でそろえるかどうか、これからの判断になります。

――着実に最高速度は向上してきたわけですが、３２０キロ運転は宇都宮～盛岡間に限られます。いささか中途半端ですが……。

白川　大宮～宇都宮間は家屋の多い地帯でもあり、防音対策にコストがかかることから速度が制限されています。盛岡以北は整備新幹線区間で、260キロを前提に設計されているため、最高速度を上げるためにはJR東日本の負担で追加工事をしなければなりません。また260キロを前提に新幹線リース料が決められているため、到達時間が短縮されるとリース料の見直しにもつながる可能性があります。費用対効果を見て慎重に進める必要があります。

――大宮以南は開業以来速度が変わりません。無理なのですか。

白川　いまは、110キロです。速度向上の勉強をしたこともありますが、曲線制限が結構厳しいことと、建設当時の地元との合意文書があってなかなか難しいようです。

随所に「和の雰囲気」を取り入れた北陸新幹線のE7系

――2015（平成27）年に北陸新幹線が金沢まで開業しE7系が登場します。E5系・E6系とはまた違った雰囲気ですが特徴は何でしょう。

白川　基本のシステムはE5系とほぼ共通ですが、整備新幹線である北陸新幹線内の最高速度が260キロ仕様のため、E5系ほどの高速対策は必要ありませんから、車体傾斜装置、車体間ダンパ、台車カバー等が省略されています。軽井沢以北が中部電力で60ヘルツに対応するよう50ヘルツ／60ヘルツ両用となっています。先頭部の鼻の長さもE２系とほぼ同じです。デザインはE６系と同じく奥山清行氏によるもので、塗装や車内デザインの随所に「和の雰囲気」が盛られていると言われております。

「あさま」のE２系も最初は少し残っていましたが、今はE７系に置き換えられました。今後は上越新幹線の２階建てE４系とE２系もE７系に置き換わる予定ですので、北陸と上越新幹線はこのE７系が標準車になります。

八戸開業に合わせてデジタルATCに変わった新幹線の信号方式

――北陸や北海道新幹線で他のJR会社との乗り入れが始まります。事前の協議などで難しい面はありましたか。

白川　車両もそうですが、信号方式が重要です。JR西日本の場合は山陽新幹線で使っている信号方式がありますが、JR東日本が使っている新幹線の信号と違います。しかし北陸新幹線が敦賀、新大阪までつながるというのはまだ相当先だからと割り切って東日本方式に統一できたのではないでしょうか。

――JR東日本になって以降、新幹線の信号方式は改良されていますね。

E6系

E7系

白川　従来のアナログ式のＡＴＣではなくデジタル式のＡＴＣに変わっています。ＤＳ－ＡＴＣといいます。従来のＡＴＣは閉塞区間ごとにレールにアナログ信号で指示速度を送り、車両はその速度になるまでブレーキをかけ、何段かに分けて停まる方式ですが、ＤＳ－ＡＴＣはデジタル信号で停止位置のデータを送り、車上の装置がそれに合わせて停止パターンを作り、列車はパターンに沿って１段ブレーキをかけるという方式です。

もともとは京浜東北や山手線のＡＴＣをデジタルＡＴＣにするということで開発を始めていたのですが、途中で新幹線もそれにしようということになり、八戸開業に間に合わせようとギリギリのスケジュールの中で日立製作所の技術陣と共同で開発をしました。まず盛岡〜八戸間、それから東北新幹線全線、上越新幹線と順々に変えていった歴史で、北陸新幹線もその方式になっています。

――最近の新幹線は全電動車ではなく、付随車が入るのが当たり前になりました。

白川　まず車両の重量が軽くなっています。２００系Ｆ編成（12両）が全部で６９７トンに対し、Ｅ７系12両は５４０トンと約４分の３です。それとモーター出力が上がっています。２００系のモーターというのは２３０キロワットですが、Ｅ５系は３００キロワットです。交流モーターになって小型かつ強力になっています。

コラム⑤

台車の進化

台車は鉄道車両の走行性能や乗り心地を左右するもっとも大事な要素である。そのため、古くから様々な技術が開発されてきた。日本でも戦後各メーカーが主として欧米の技術を導入しながら様々なタイプの台車を作り、私鉄各社が採用してバラエティーに富んでいた。

国鉄では特急・急行電車用のＤＴ32系や特急客車用のＴＲ55系が長らく標準台車として使われてきたが、ＪＲ移行前後から新しい台車の開発が進み、ＪＲ化後も様々な技術を導入し進化し続けている。新幹線も、鉄道技術研究所などの総力を挙げて開発したＤＴ２００系台車がその後の１００系・２００系にも踏襲されたが、ＪＲ移行後はさらに高速性能に優れた台車が誕生した。

東海道新幹線では軸箱支持装置の開発に苦労した話が語り伝えられているが、今日では数値シミュレータや高速台車回転試験機の発達によって、最高時速３２０キロ以上といった高速運転でも安定した性能を示す台車となっている。

——台車は車両の走行性能に大きく関係しますし、鉄道各社の色々な工夫が盛り込まれて、車両ファンにとっては見逃せない機器です。国鉄時代からの流れを追って伺います。

国鉄末期に設計された205系ではDT50系のボルスタレス台車が採用されます。どんなメリットがありますか。

白川　台車枠の上の枕ばねに直接車体が乗り、揺れ枕（ボルスタ）がありません。台車と車体はリンク機構で結ばれていて、台車の回転は枕ばね（空気ばね）の横方向の撓みにより可能となります。ボルスタレス台車の特長は構造が単純で軽量であることで、JRになって以降の新製車両の台車は新幹線・在来線ともボルスタレス台車になります。急曲線の多い私鉄では採用を見送る会社もあるようですが。

――台車の重要な機構である軸箱支持装置について伺います。国鉄時代は、在来線は長らくペデスタル方式で、私鉄が各メーカーの新方式を積極的に採用する中で進歩がない印象でした。JRになって、一気にいろいろな方式が採用されますが、社内ではどんな議論がされたのでしょうか。

白川　鉄道車両の車輪は曲線を曲がりやすくするために、レールに接する踏面にわずかながら傾斜がつけられ、大まかに言うと円錐形をしています。このことが逆に車輪の蛇行動を生む要因ともなりますから、これを防ぐためには車軸（軸箱）を前後左右に適切な弾性を持って支えることが重要です。1960年代に高速化が進んでいた欧州の鉄道やメーカーが先行して様々な方式が開発され、日本のメーカーがその技術を導入して各私鉄に提案してきたわけです。小田急がよく使っていたアルストム台車、近鉄が使っていたシュリーレン台車、東武のミンデンドイツ台車・シングルミンデン台車などがその例です。

国鉄の場合は国鉄主導の標準設計という前提がありますから、各メーカーの提案をそのまま採用することはありませんでした。それでも古くはオシ17にシュリーレンタイプの台車を試用していますし、201系はシュリーレンに似た円筒案内式です。205系は積層ゴム式という独自の方式を採用しました。また、新幹線の0系や200系で採用されたIS式台車は見かけはミンデンドイツ式に似ていますが、支持板の付け根にゴムのブッシュが入っており、高速でも安定性のある適切な剛性を与えています。当時の鉄道技術研究所が試験を繰り返して開発しました。

DT32などのペデスタル方式は旧世代のような印象がありますが、隙間の管理などを適正に行えば120キロ程度の速度では問題になりません。むしろミンデンドイツ方式は剛性がありすぎて急曲線通過には不利に働くこともあると思います。

JR東日本の場合は、最初は205系を引き継いだ積層ゴム式でしたが、209系からは、在来線は一般用も特急用も基本的に軸梁式です。軸梁の付け根にやはりゴムブッシュが入っており弾性を持たしています。E351系は円筒案内式ですが、コイルばねの根元にゴムがあって曲線通過を容易にしてあります。

一方、新幹線は400系で開発した上下2枚の支持板方式をその後も採用しています。これもシングルミンデン式（SUミンデン）に見かけは似ていますが、付け根部分にゴムが入っています。

――いろいろな方式が併用して使われているようですが、この方式が決定版、という状況にはなっていないのですか。

白川　台車の設計技術が向上した結果、どのタイプも安定した性能を示しています。どのタイプの台車を選ぶかはコストやメンテナンス性なども考慮して決めます。あまりいろいろなタイプが混在すると現場の設備や作業が非効率にもなります。

――ヨーダンパとアクティヴ・サスペンションの効果について説明してください。

白川　ヨーダンパはボルスタレス台車で台車枠と車体とをつないで、台車の蛇行動を抑える役目をします。在来線では原則として130キロ以上の最高速度を出す台車に取り付けられました。E6系では片側2本のヨーダンパを装備し、一方の減衰力を調整することにより、強い減衰力の必要な新幹線区間と、曲線通過を容易にする必要のある在来線区間の双方に対応しています。

車体間ダンパは連結面で車体と車体をつなぎ、車体のヨーイングを防ぐ役割があります。E2系1000番代以降の新幹線車両やE259系・E657系特急車両に装備されています。

フルアクティヴ・サスペンションは車体の左右動を加速度センサーで検知し、車体と台車の横梁を結ぶ空気シリンダで、揺れを抑える方向に車体を押すことによって、横揺れを改善する仕組みです。E2系1000番代で、世界で初めて採用されました。E5系・E6系では空気シリンダの代わりに電動アクチュエータが使われ、応答性の向上と空気の消費量の抑制が図られています。

セミアクティヴ・サスペンションはシリンダ等で強制的に揺れを抑えるのではなく、左右動ダンパの減衰力を大きく揺れた時は強い減衰力抑え、小さな揺れは弱い減衰力で抑えて乗り心地を改善します。

「四季島」にはさらに台車の軸ばねと平行に上下の揺れを軽減する可変減衰力ダンパも使われています。

185系のDT32

205系のDT50

E231系のDT61

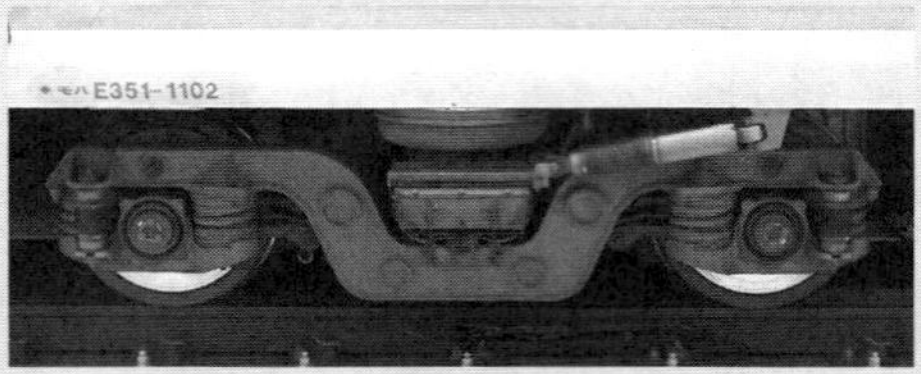

E351系のDT62

E257系のDT64

E331系のDT73
（連接台車）

E5系のDT209

E6系のDT210に
取り付けられた2
本のヨーダンパ

E5系のフルアクティヴ・サスペンション

コラム⑥

大きく変わったパンタグラフ

ＪＲ発足後、大きく形を変えたものにパンタグラフがある。国鉄時代からパンタグラフといえば菱型ということが常識だった。ＪＲ発足後の新形式車でも初期の形式は国鉄の標準形式であるＰＳ16をやや小型化したＰＳ28などの菱型を使っていた（２５１系は大型の車体断面を最大限に生かせる下枠交差型のＰＳ27を採用している）。

１９９４（平成６）年から営業運転を開始したＥ３５１系からシングルアーム式のＰＳ31を採用し、その後はＰＳ33などが、一般車・特急車とも標準になった。シングルアーム式の長所は構造が簡単で軽量、着雪に強いことなど多々ある。ヨーロッパではＴＧＶなど早くから採用例があるが、日本での導入が遅れた理由にフランスのフェブレー社が特許を持っていたからといわれる。特許期間の終了により日本のメーカーでも製作できるようになり、１９８０年代末以降ＪＲ、私鉄を問わず急速に普及した。

新幹線もＥ２系基本番代車までは２００系と同じ下枠交差型のＰＳ２０１系列のパンタグラフであったが、Ｅ２系１０００番代車からシングルアーム式（ＰＳ２０７）に変わった。新幹線の場合は高速での風切り音を防ぐためリンク機構をアームの中に納め、さらに下枠部分に流線形のカバーを付けたり、碍子を流線形にするなどの工夫を凝らしている。またＥ５系・Ｅ６系の場合は架線と接する摺《す》り板を細かく分割して小ばねで支え、離線によるアークが出ないような対策も採用している（PS208）。新幹線の高速化を支える重要な要素がパンタグラフの技術である。

251系のPS27

E231系のPS33

E2系1000番代のPS207

E5系のPS208

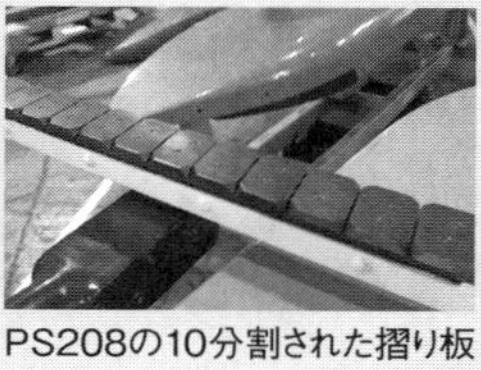
PS208の10分割された摺り板

第6章 国鉄型から脱却した気動車の開発と進化

ＪＲ東日本の気動車開発を考えるうえで、大きなインパクトとなったのが、民営化直後に上越線で起きた「サロンエクスプレス・アルカディア号」の事故である。１９８８（昭和63）年３月30日、越後中里～岩原《いわっぱら》スキー場間を走行中の「サロンエクスプレス・アルカディア号」が火災を起こし、１両が焼失する事故が発生した。新清水トンネルを抜けた直後で、トンネル内なら大惨事になりかねないところだった。原因は冬季の長いアイドル運転中に消音機の中に油が溜まり、それに引火したとされた。

アルカディア号は民営化直前の１９８７（昭和62）年３月、キハ58形３両を改造した。エンジンはＤＭＨ17Ｈで、この事故をきっかけに気動車の世代交代が図られる。

自動車・船舶に比べて遅れを取っていた国鉄時代の気動車

――国鉄時代末期の技術停滞の象徴としてよく取り上げられるのがキハ40系気動車です。ＤＭＨ17系の旧型車を置き換えるはずが、性能的にはむしろ退化してしまいました。

白川　国鉄時代は、気動車設計陣の人材も少なく、ローカル線にお金をつぎ込むという意味での資金的制約もあって、エンジンの技術開発が滞っていました。一方、他の産業界では、自動車用や船舶用のエンジン・変速機の技術が急速に進歩していた時代です。

改造を終えて試運転中の「サロンエクスプレス・アルカディア号」

――鉄道用エンジンは規模も小さいというハンディがありました。

白川　国鉄時代の鉄道車両用のエンジンは予燃焼室と言いまして、エンジンの気筒の他に小さな部屋があって、そこに燃料を吹き込んで燃え出したものが気筒内に入っていくという仕組みでした。これに対して自動車用など一般的には、気筒内・シリンダ内に直接燃料を超高圧で吹き込む直噴式エンジンが効率も良く標準になっていきます。またＤＭＨ17系の変速機というのは、直結１段・変速１段の２段ですが、こちらも多段式の変速機が開発され小型軽量化が進んでいました。エンジンというのは効率が良い回転数のところが限られていて、そこをうまく使うという技術です。

国鉄末期に直噴式エンジンを搭載したキハ37形が登場しましたが、気動車自体が余剰気味で拡大していくことには至りませんでした。

――初代会長の山下勇さんは三井造船でエンジンの専門家でした。この事故のあと、ＤＭＨ17の設計図を点検されて、戦前に開発されたものをまだ使っていると驚愕されています。「外からみていて、国鉄の技術はどうも怪しいと思っていたが、中へ入ってみたらもっとひどかった」という率直な感想も持たれたそうです。

白川　この事故を契機に、在来車のＤＭＨ系エンジン（キハ58系など）及びＤＭＦ系エンジン（キハ40系など）を淘汰し、すべてを直噴式の新しいエンジンに取り換えることになりました。車体はそのままで重いという欠点は残りましたが、エンジンや変速機を取り換えることにより性能は格段に向上します。

「地域密着」を体現したローカル線用気動車キハ１００・１１０系

――こうした流れのなかで１９９０（平成２）年にキハ１００・１１０系が登場します。電車の新系列の２０９系が１９９４（平成６）年ですから、それよりかなり早い。国鉄時代とは逆にいきなりローカル線に最新鋭車両が投入された印象でした。

白川　ＪＲ東日本になったときに「地域密着」（あなたの街から未来に伸びる）というスローガンが会社にあり、もともと大変な大赤字の線ではありますが、民営化を機にローカル線のサービス向上をアピールしようという考え方もあったと思います。

――まず盛岡支社管内の旧型ＤＣを置き換えます。

白川　キハ１００系は両運転台、キハ１１０系は片運転台で、車体は鋼製ですが、側窓を固定窓にするなどの軽量化を図った構造になっています。台車は２０５系電車と似た軸ばねがゴム円筒式のボルスタレス台車です。エンジンはキハ１００系が３３０ＰＳ／２０００ ｒｐｍのコマツ製または新潟鉄工製、キハ１１０系が４２０ＰＳ／２０００ｒｐｍ新潟鉄工製またはカミンズ製で、いずれも直列6気筒、燃料直接噴射式の過給機（ターボチャージャー）と吸気冷却機（インタークーラー）付きの小型軽量エンジンとなっています。国鉄型気動車とは一線を画したスタイルと性能でローカル線のイメージアップなりました。

——キハ40系に比べて飛躍的に性能が向上します。

白川　キハ40系のエンジンが２２０ＰＳ／１６００ｒｐｍだったのに比べて出力は１・5〜2倍、重量は約半分と、トータルすると大きな差がありました。

——その後しばらく新車はありませんが、２００７（平成19）年に17年ぶりにキハＥ１３０系が登場します。

白川　キハ１００・１１０系は2扉でしたが、キハＥ１３０系では片側3扉にしました。水郡線のように、ローカル線でも通勤・通学輸送で混雑する線区では片側2扉では困るということでした。水郡線には先行してキハ１００系が入っていましたがそれを置き換えたわけです。

キハ１００・１１０系が少し異質なスタイルなのに対して、キハＥ１３０系は「ＪＲ東日本風」の気動車といってもいいのではないかと思います。この車から電車で定着したステンレス・裾絞り車体を採用し、バリアフリー設備なども電車に準じた装備になっています。エンジンは、改良した450PS／2000rpmのエンジンを採用しています。その後に登場したキハE120形はキハE130系を片側2扉にした車体で、新潟地区の羽越本線・磐越西線・白新線・米坂線で運用されています。

2000年代に入り、環境に対する意識の高まりと、一時、燃料価格が高騰したことを背景に、自動車の世界ではハイブリッド車が急速に普及してきた。大型車にもエンジン駆動とモーター駆動を組み合わせ、エンジン駆動の補助としてモーターを使うパラレルハイブリッド方式が採用され、鉄道車両への導入が検討された。

ハイブリッド気動車の先鞭をつけた小海線のキハE200形

――ハイブリッド気動車も登場します。技術的な課題はどんなところにありますか。

白川　鉄道車両にもこの大型自動車のシステムが応用できないかと考え、技術開発部門に少し勉強してくれとオーダーした結果、2003（平成15）年に試作車「NEトレイン」（キヤE991系）が誕生します。

キハ
110系

キハ
E130系

キハ
E120形

自動車のシステムをそのまま応用したらいいのではないかと考えたのですが、バスなどに使われているパラレル方式は鉄道車両の特性に合わないと判断されて、採用されたのはシリーズ方式でした。

これは、エンジンで交流発電機を回して発生した交流を整流して直流にした電力と、大型バッテリーに蓄えた電力を組み合わせて、ＶＶＶＦで交流モーターを駆動します。かつての電気式気動車は直流モーターですが、電気式気動車に大型バッテリーを組み合わせたと思えば車両の概念が分かると思います。ただ最新の電車技術が応用されています。

――パラレル方式は何がマッチしなかったのでしょうか。

白川　パラレル方式というのは通常のエンジン車両のようにエンジン・変速機・シャフト・減速機で駆動しますが、加速時にバッテリー電源によるモーターの力で補助するという方式です。減速時にモーターを発電機にしてバッテリーに電力を蓄えます。鉄道は自動車のように頻繁に加減速を繰り返すような運転ではなく速度変化が比較的少ないので、パラレル方式だと余り効果が出ないわけです。

――起動時は電力による走行ですね。

白川　「ＮＥトレイン」では発車から時速25キロ程度まではバッテリーの電力のみで起

動します。加速領域ではそれだけでは足りないので、エンジンで発電機を回してその電力を加えて出力を出すことになります。ブレーキ時には回生電力をバッテリーに蓄積する形になっています。走行中にバッテリーの蓄積電力が低下すれば、またエンジンが起動し、発電機によって充電されます。

エンジンはキハE130系と同じ450PS、モーターはE231系などと同じ95キロワットで、1両の片側台車に2台搭載されています。

「NEトレイン」の試験結果を踏まえて2007（平成19）年に量産先行車として登場したのがキハE200形で、3両が作られ小海線で営業運転に入っています。ただ、量産先行車といってもキハE200形は今のところこの3両だけです。

ハイブリッドと蓄電池で進化するJR東日本の新型車両

――国鉄の戦後の気動車開発はまず電気式による総括制御から始まり、結局コンバータを使う液体式に移ります。電気式は重くて値段が高いといわれましたが、ハイブリッド車はそこを解決したのでしょうか。

白川　エンジンは軽くて強力になっているし、電気機器の方も209系以降のVVVF

制御の誘導モーターでコンパクトになっているということです。

ただハイブリッド車両は省エネ、排気ガスなどの環境改善、騒音の低減にメリットがありますが、小海線で走った実績では10％ほどの燃費が改善されたということです。逆に言えば、鉄道車両は自動車ほど頻繁に加減速しないことや、電池が重くて車重が増えるというマイナス面もあって、せいぜい10％の燃費改善の効果しか出ていないということです。

したがって車両価格が高いことを考えますと、コスト面では有利性はありません。「環境にやさしい企業」「新技術に挑戦する企業」というイメージ向上にメリットを置いているのが現状といえます。

振動や騒音が通常の気動車に比べて少ないというメリットを生かして「リゾートしらかみ」や「リゾートビューふるさと」などのリゾート列車にはＨＢ－Ｅ３００系のハイブリッド車が採用されました。ＪＲ西日本の豪華列車「瑞風」もハイブリッド気動車ですが、おそらく同じ考え方と思われます。

また、２０１５(平成27)年に交流電化の東北本線と直流電化の仙石線を結ぶ短絡線が完成し、ハイブリッド気動車のＨＢ－Ｅ２１０系が列車に投入されましたが、短い短絡線に交直セクションを設けて交直流電車を投入するより、ハイブリッド車両の方が有利と判断

キハE200形

HB-E300系
RESORT HYBRID

されたものと思います。
したがってこれからキハ40系などの旧型気動車を淘汰するときに、このハイブリッド方式になるか、あるいはキハＥ１３０系などの従来型の気動車になるのか、その辺は注目されるところです。
なお、ハイブリッド車は気動車か電車か議論があるところですが、ＪＲ東日本ではＨＢ－Ｅ３００系から新しいジャンルということで従来の「キハ」に代わって「ＨＢ－」という称号を付けることになりました。

――そうすると烏山線の蓄電池車ＥＶ－Ｅ３０１系はどのような位置付けですか。

白川　烏山線は東北本線の盲腸線のような存在の非電化区間で、それまで気動車により宇都宮～烏山間を直通運転していましたが、そのためだけに気動車を備えないといけません。また宇都宮車両センターも気動車用の設備が必要だということで、気動車をやめて烏山線を電化にするという検討をした時期もありましたが、ハイブリッド車両の技術を使った蓄電池電車のＥＶ－３０１系を入れることになりました。
ＥＶ－３０１系は、ハイブリッド車両からエンジンと発電機を除いて蓄電池を増強し、パンタグラフを備え、電化区間は架線から集電し非電化区間では烏山駅構内に設けられた剛体架線から急速充電します。愛称を「ＡＣＣＵＭ」と称しています。

最近は、男鹿線にも蓄電池電車が導入されました。男鹿線も奥羽本線の盲腸線のような恰好ですが、こちらは交流区間なのでＪＲ九州で開発されたＢＥＣ８１９系「ＤＥＮＣＨＡ」の技術を採用したＥＶ－Ｅ８０１系が開発され、２０１７（平成29）年３月のダイヤ改正から営業運転に就いています。

――ＤＣの場合は、なぜ国鉄時代に技術開発が進まなかったのか、ずっと不思議でした。ＪＲになった途端に、突然変異のようにレベルの違う新型車に変わります。

白川　ＪＲになって外の世界に目を向け、しがらみを捨てて素直に新しい技術を取り込んだ結果ではないでしょうか。

HB-E210系

EV-E301系

EV-E801系

第7章　最後の寝台特急「カシオペア」の誕生

1988（昭和63）年3月に待望の青函トンネルが完成し、本州と北海道がレールで結ばれる。これに合わせて寝台特急「北斗星」が登場、プラチナチケットと呼ばれるほど人気が沸騰した。最盛期はJR北海道の車両と合わせて1日3往復が運転されたが、1970年代に製作された車両を改造して使っていたため老朽化が目立ち、見劣りすることは否定できなかった。1999（平成11）年になってようやく新製車両による「カシオペア」が誕生する。好評だったが1編成にとどまり、2016（平成28）年3月の北海道新幹線の開業時にダイヤ上の制約もあって、本州～北海道を結ぶ寝台特急は姿を消した。

「北斗星」で久々に復活した食堂車は予約制

――「北斗星」の車両は24系の改造によるものでした。様々なタイプの形式が生まれます。

白川　青函トンネルの開通は発足したばかりのJRにとっても大きなイベントでした。当時はまだ寝台列車の需要も高く、上野～札幌間の寝台列車の設定に工夫を凝らしました。「北斗星」は話題づくりと観光客の利用増を図ることから、個室A寝台「ロイヤル」とか個室B寝台とかいろいろなタイプの車をすべて24系の改造車として入れました。「ロイヤル」は広くて当時としては比較的グレードの高い車両でありました。

――食堂車が久々に復活し、豪華なディナーで話題になりました。

白川　食堂車は利用が不安定で、安い料理で長っ尻の人もいて、採算が合わないというのが常識でした。食材の無駄も課題でした。それを解消するために「北斗星」では予約制とし、単価の高い本格的フランス料理を提供するという新しいコンセプトにします。愛称の「グランシャリオ」は北斗七星のことです。客車には種車がなくて、サシ４８１形を改造したスシ24形５００番代です。

乗り心地・居住性改善にむけて「カシオペア」に導入された新技術

――１９９９（平成11）年にＥ26系客車「カシオペア」が登場します。

白川　「北斗星」は人気が高いのに車両がそれにふさわしくないということで、新車投入の構想が生まれるのですが、問題は採算です。

夜行列車は定員が限られていますし、人件費などのランニングコストも高く、「北斗星」は、ほとんど償却済みの車両を使うことによって辛うじてコストを回収していた状況です。もともと東北本線は赤字ですから、線路の償却費や保守費などを含むフルコストはとても

「北斗星」の個室A寝台
「ロイヤル」

「北斗星」の食堂車
「グランシャリオ」

回収できません。新車を投入すると車両の償却費が発生するために、採算性を重要視する新会社の姿勢からするとなかなか踏み切れません。慎重な議論を繰り返していました。

――どんな手法でクリアされたのですか。

白川　まず、2階建てとすることにより定員増を図り、すべて2人用のA寝台として収入を確保することにしました。ご夫婦等の2人旅専用ということで割り切って、1人旅はもともと想定しない設計思想になっております。この構造でいけば、「北斗星」の実績から85％程度の乗車率は確実と想定して、ランニングコストを何とか回収可能ということで導入に踏み切ったという経緯があります。当時の松田昌士社長の後押しもありました。

――客車としては数十年ぶりの新車ですから、技術的にも大変わりしていますか。

白川　従来の客車とは一線を画すということで電車の技術をかなり応用しています。車体は客車として初めてステンレスを使用して軽量化を図りました。

豪華さと定員増を図るということの両方を追求しなければなりませんでした。主体となるスロネE27「カシオペアツイン」は、階上、階下4室ずつ、両端部に平屋建て個室2室というのが基本的なの構成です。ベッドは2つ平行に並べることができないので、L字形に並べるような工夫をしました。グレードの高い「カシオペアスイート」は2両で、平屋のスロネフE26には展望室付きもあります。スロネE26は2階建てを生かしてメゾネットタイプです。住宅メーカーのノウハウを入れて安くて高級感のある室内にするという試みもありましたが、大量生産ではないことや狭い車両内での構築ということもあって必ずしも成果は出ませんでした。

——その制約のあるなかで、各部屋にトイレが付きます。

白川　一番特徴的なところです。寝台車で一番嫌なのは共用トイレだと言われますので、各個室にすべてトイレを設置しています。「走るトイレ」と言われたこともあります。トイレは航空機と同じように真空圧で汚物をタンクまで吸引する真空トイレを採用しました。ちなみに最近の新幹線・在来線はみんなこの真空トイレになっています。汚物を送るパイプが長くなるので途中で曲げないといけませんが、割りばしなどが投げ込まれても詰らないように配管のカーブをいろいろ配慮した設計になっています。

電車で採用している技術を導入して乗り心地をよくするため、まず電気指令式ブレーキによってブレーキの前後のタイムラグをなくして、前後衝動を防ぎました。機関車は自動ブレーキですから、機関車の自動ブレーキ指令（空気圧）を読み替えて電気的に各車両にブレーキを伝える「ブレーキ指令読み替え装置」という機能を付けました。

スロネフE26
「カシオペアスイート」

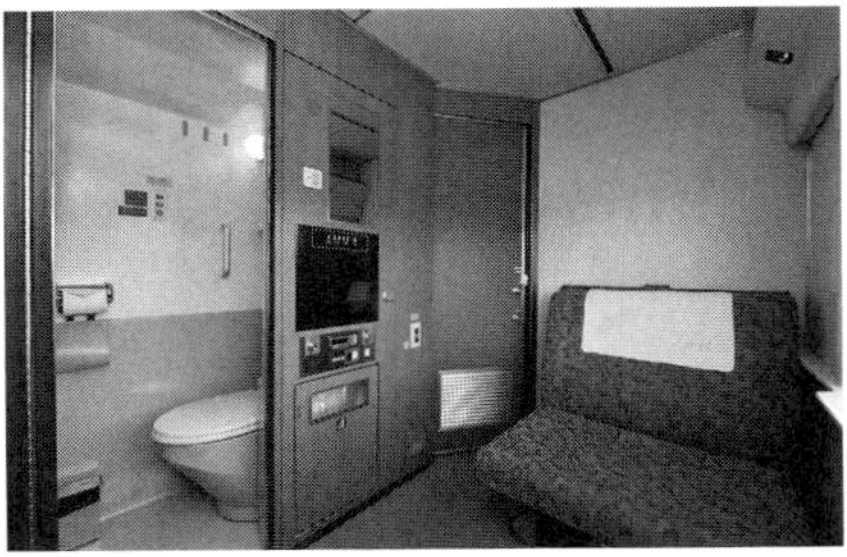

スロネE27
「カシオペアツイン」

台車はＥ６５３系で使ったものとほぼ同じような台車で、ヨーダンパを装備して揺れを減らしています。緩衝器はダブルアクションタイプのショックの少ない緩衝器にしてあります。

――「北斗星」と「カシオペア」では乗っていて衝撃の度合いが全然違います。

白川　国鉄時代の緩衝器というのは、碓氷峠で粘着運転を始めたときに緩衝力を強化するということで開発したものが標準タイプになります。ＲＤ11という形式で、５トンの圧力でゴムを圧縮してあって、それをどの車両にも付けていました。５トン以上の力がかかったらゴムが縮むから緩衝能力がありますが、それ以下の力では剛体と一緒なんです。

――ということは緩衝器の機能を果たしていないのですか。

白川　５トン以下の力ではね。だから発車時のダーンという衝撃が起こる。後にそれを解決するためにＲＤ０１１というタイプが開発されました。「ダブルアクションタイプ」といって緩衝器の真ん中に動く板があって、それを5トンの圧力で両側からゴムで挟むタイプです。緩衝能力はＲＤ11と同じですが真ん中が動きやすいので小さな衝撃でも吸収できます。寸法はＲＤ11と同じで簡単に交換できます。「北斗星」などもＲＤ０１１に交換していましたが、それでもショックは完全にはなくなりませんでした。

――20系もある時期から衝撃が大きくなったと言われていましたが、寝台車だろうがRD11でみんなやっていたのですね。

白川　国鉄の標準化の悪い所で、碓氷峠用に開発したものを全部の車両に使ってしまったのです。

――「カシオペア」が1編成だけというのは、やはり採算上の問題ですか。

白川　採算に辛うじて合うと言っても2編成を作るというところまではいかずに、当面1編成でスタートしました。結局、そのままずっと1編成だったわけですが、週3往復の運転として、定期検査期間中は運休するということで割り切っています。

電源車だけは定期検査に時間がかかることと故障の可能性も高いことで、カニ24を改造した予備車カヤ27を準備しています。

――夜行列車が廃止になっていく理由に要員の面でコストが高く付くと言われます。実際はどうでしょうか。

白川　夜間の運行を支えるための要員などコストは高くなります。さらに夜間の線路や電気設備の保守間合いを確保する問題があって、悩みのタネになります。ブルートレインについて言えば、車両の老朽化も大きかったです。

民営化直後に、ヨーロッパの豪華列車「オリエント・エクスプレス」を日本まで運行し、日本国内でもツアー列車として運転する途方もないプロジェクトが実現している。1988（昭和63）年に開局30周年を迎えるフジテレビが記念事業として企画したもので、「オリエント急行」は同年9月7日にパリ・リヨン駅を出発、シベリア鉄道経由で26日に香港・九龍駅に到着する。貨物船で山口県下松市の日立製作所笠戸事業所に搬入され、日本での走行のための点検、改造が行われる。

日本での運行は10月17日に広島駅を出発、翌18日午前10時に東京駅9番線ホームに到着した。その後は70組の国内ツアーが募集され、日本各地を運行したが、高額にもかかわらず人気は高く、すぐに満員となった。

プロジェクトを企画したフジテレビの沼田篤良プロデューサーは、国鉄時代末期に運転局長から常務理事に就任していた山之内秀一郎氏を訪ねて相談、山之内氏の指示で国鉄部内で検討が始まり、実現可能の感触が得られる。

使用する客車には食堂車以外に冷房装置がないため、夏の運行は難しい。一方で冬のシベリアを横断するには暖房装置の能力が不足する。この結果、列車の運行は88年秋に固まった。（フジテレビ出版『これがオリエント急行だ』、『鉄道ファン』35号・

沼田篤良「"オリエント急行"のプロジェクトを完遂して」、『鉄道ジャーナル』268号・山之内秀一郎「オリエント急行の国内運転実現まで」などによる)。

「オリエント急行」国内走行を実現させた様々な工夫とは

――いま振り返っても、よくこの企画が実現したと思います。

白川　国鉄の時代なら不可能でした。フジテレビ側の熱意に加えて、民営化直後のJR東日本には新しいことに挑戦しようという雰囲気がありました。

車体幅は、日本の車両限界より小さい2・9メートルですので、そこはいいのですが、車体長が23・5メートルと長いため、曲線のホームなどでは限界に支障してぶつかることがあります。オイラン車と呼ばれる特別な限界測定車で走行予定区間を事前に走らせて調査し、支障個所は線路の移設などの対応をしたという大変な作業でした。台車はTR47のばねを強化したものに取り換えました。私は当時広報課長で、試運転で広島から東京まで試乗しましたが、その時の印象ではダンピング不足で、上下動が大きかった印象がありました。

――列車の総重量は630トンを超す重い列車でした。山陽本線の瀬野～八本松などの勾

配区間では重連の機関車が牽引しています。

白川　10月17日に広島を出発した特別列車は18日に東京駅に到着し、パリ〜東京間1万5494キロを走破したギネス記録に登録されます。パリからの特別列車はそれで終わりですが、その後、10月25日から12月25日の2カ月間にわたって国内の周遊ツアーに使われ、青函トンネル・関門トンネル・瀬戸大橋も通過しています。

――大きな問題は起きませんでしたか。

白川　幸い大きな事故はなかったのですが、12月19日に上越線で2両目と3両目の間のスクリュー連結器が外れるトラブルがありました。連結器のピンが折れて抜けてしまったのです。日本では「列車分離」という重大な故障になりますが、乗務していた向こうの車掌が「ヨーロッパではよくあることだ」と言って予備のピンに取り換えて5時間後には運転が再開されました。

――フジテレビの沼田さんによれば、車内で使用する石鹸や化粧品は欧州から持ち込みますが、そうすると薬事法がからんで厚生省との折衝が必要だったそうで、この手の日本のルールに合わせるのも大変だったでしょう。

白川　内装は木製ですし、暖房は各車ごとの石炭ストーブであるなど、日本の厳しい耐火基準に抵触します。各車に保安要員を乗せるなどしてクリアしたということを聞きました。

JR30年を記念し最新技術を搭載して生まれた「四季島」

――1989（平成元）年に登場した「夢空間」車両は「オリエント急行」に触発されたのでしょうか。

白川　1989（平成元）年は横浜博覧会が開催された年ですが、24系客車をベースとして、豪華寝台車（オロネ25－901）、ラウンジカー（オハフ25－901）、展望食堂車（オシ25－901）の3両が新製されました。将来の豪華寝台列車につながるものとして、試作した車両です。「オリエント・エクスプレス」がレトロ調なのに対し、モダンなデザインで、室内のデザインは百貨店（髙島屋、松屋、東急百貨店）に依頼しました。

横浜博の時に桜木町駅前で展示された後、24系客車と併結して臨時「北斗星」や、北海道のトマムにできたばかりのリゾート施設に行く臨時列車「北斗星トマムスキー号」などに使われましたが、使い道は限られました。

結局本格的な豪華列車は、2017（平成27）年のE001形「TRAIN SUITE

EF65形電気機関車に牽引されて東北本線を走る「オリエント急行」

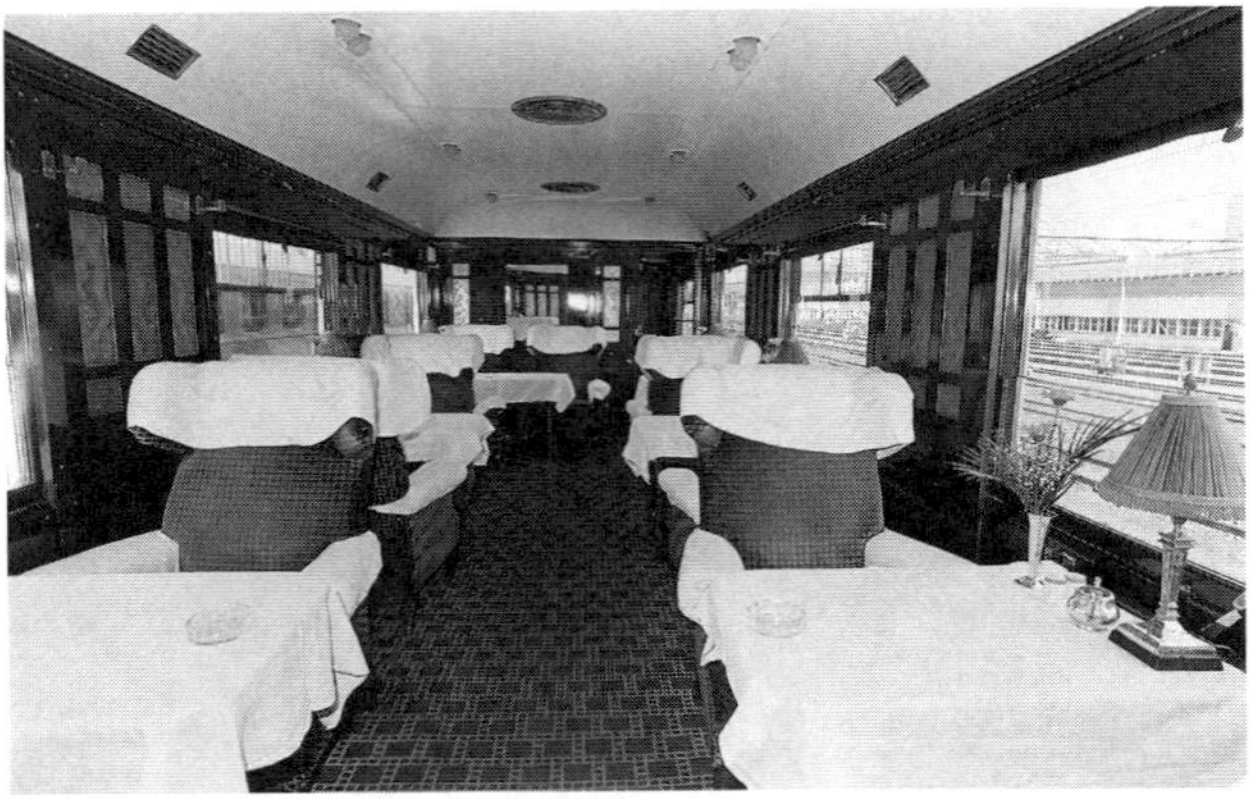

報道公開された「オリエント急行」のダイニングカー

「四季島」まで待たねばならなかったということです。

――「カシオペア」は豪華ではありますが、大変堅実な寝台列車という印象です。発足30年で「四季島」が誕生する流れを教えてください。

白川　ＪＲ東日本の社内ではZトレインと称して豪華列車を模索する意見が少数派でしたけれども残っていました。しかしとても採算に合わないから貴重な投資資金を投入できないという雰囲気が大勢でした。

今回はＪＲ発足30年の節目に、日本の四季を愛で、地域との交流を図る旅を提供するということで、最新の技術と金に糸目をつけない形で「四季島」が誕生しています。「四季島」は基本的には電車ですが、編成両端に走行用電力を作るディーゼル発電機を装備したバイモード方式で、直流１５００ボルト、交流２万ボルト（50ヘルツ／60ヘルツ）、青函トンネル内の交流２万５０００ボルト（50ヘルツ）、非電化区間のどこでも走れます。

ちなみにＪＲ西日本の「瑞風」はハイブリッド気動車（シリーズハイブリッド）、ＪＲ九州の「ななつ星in九州」はディーゼル機関車牽引の客車列車です。

ピアノも置かれた「夢空間」のラウンジカー

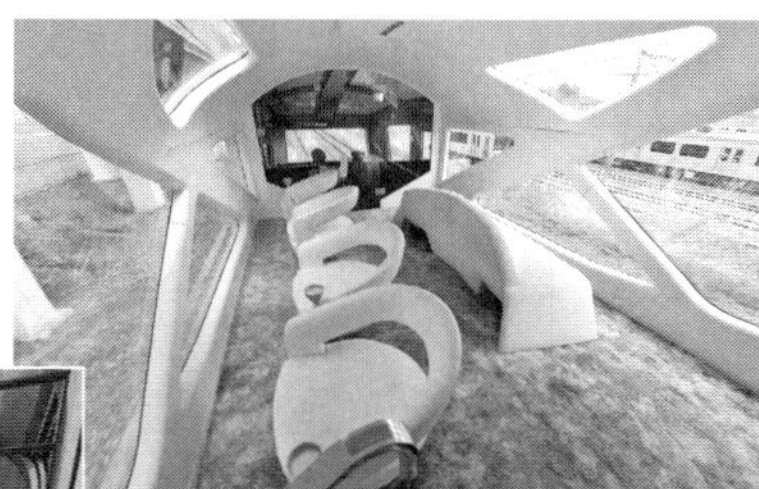

1号車の「VIEW TERRACEきざし」

7号車にある
「四季島スイート」

終　章　劇的に変わった車両メンテナンス

新型車両が次々投入されたことと歩調を合わせ、ＪＲ東日本は電車の検査体系を抜本的に改め、新保全体系という方式を導入する。従来の電車の検査体系は国の省令により、一定の周期で交番検査・要部検査・全般検査をすることが定められていた。規制緩和の一環として２００２（平成14）年に施行された「鉄道における技術上の基準を定める省令」により、鉄道事業者が客観的に安全性を証明することができれば、独自の検査体系を導入することが認められる。ＪＲ東日本は、車両システムが大幅に進歩したことを前提にした新方式を国交省などに働きかけて認められる。これによって同年から２０９系以降の在来線新系列車両に新保全体系が導入された。

車両単位から装置単位の検査へ

――車両技術の革新に合わせて新保全体系が導入されます。やはりＶＶＶＦの採用が大きな転機になったのでしょうか。

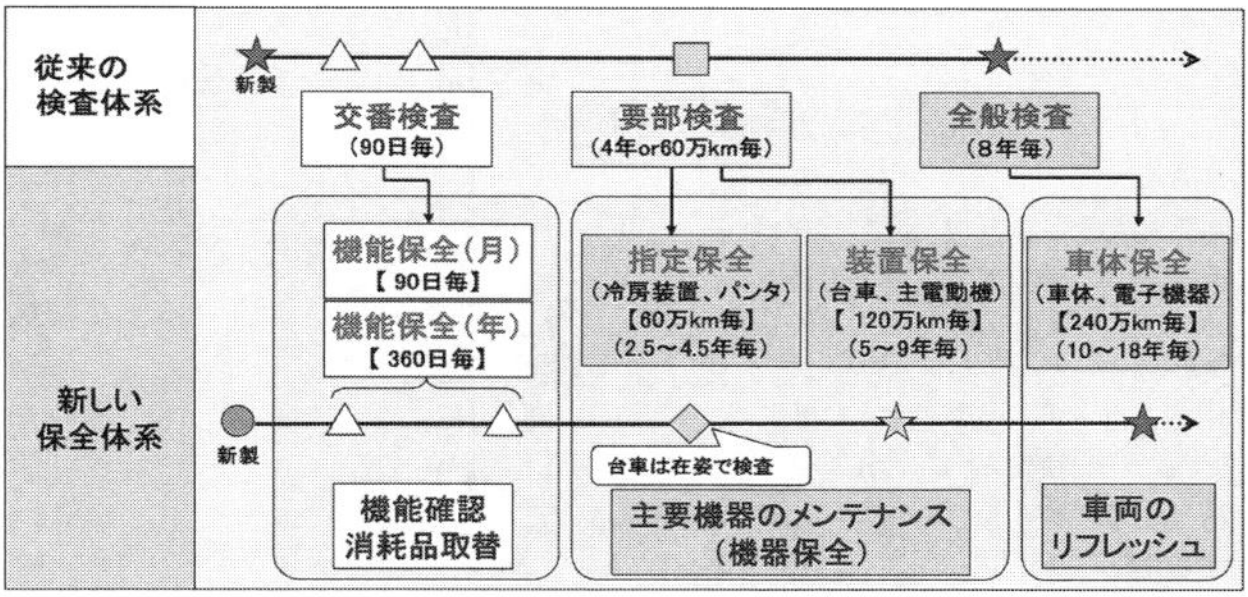

JR東日本提供

白川　直流モーターがなくなり交流モーターになることは、整流子のメンテナンスやブラシの取り換えがなくなり、メンテナンスの変革の象徴的な事例です。主制御器も接点のない電子機器（インバータ）になり、摩耗部分がなくなりました。クーラーや室内灯の電源を作る補助電源装置もＭＧから静止型インバータに変わり、その他の部品も技術改良で大幅に寿命が延びました。車体は従来の鋼製からステンレスやアルミニウム合金に変わり、錆びることがなくなります。

　このような車両の構造変化をうけてもっと合理的な検査体系を作ろうと、２０９系を対象に検討を進めていろいろなデータを積み上げて踏み切ったのが新保全体系です。新保全体系の本質は従来の車両単位の検査体系を装置単位の検査体系に変えたことです。簡単に言うと従来の交番・要検・全検という概念を壊しました（**図参照**）。

――保守の体系が大変わりするわけですから、コスト管理の考え方も変わってくるわけですね。

白川　車両のメンテナンスコストが半分以下になってきていることを受けて、トータルライフコストという考え方を導入しています。従来、車両の取り換えは製作から時間が経って老朽化し、修繕が難しくなる時期に取り替えるという考え方でした。国鉄時代は管理局や現場から「老朽化でこんなに車体に穴が空いています」とか、いろいろな老朽化の写真を見せられたりして、それで「じゃあそろそろ取り換えようか」という決定をしていたわけです。

今では古い車にコストをかけてメンテナンスするよりも、早めに新しい車両に取り換えた方がコスト的にもサービス的にも有利という考えです。消費電力も新しい車は車体が軽く、回生ブレーキの効果もあって大幅に少なくなっています。

――工場の作業も変わってきます。

白川　工場で行う従来の電車の全般検査や要部検査は、1両ずつ切り離してクレーンなどで車体を吊り上げ、車体と台車を分離することが一般的でしたが、大井工場（現在の東京総合車両センター）では5両・10両単位で編成のまま検査線に入れて、編成全体を移動させながら台車はドロップピットで下へ降ろす、屋根上のパンタグラフや冷房装置はクレーンで取り換えるというラインを導入して、1両ずつに分解して検査をするという従来の方式を大幅に変えました。最初は1ラインでやっていましたが今は2ラインに増強しています。大井工場はＪＲ発足時1000人くらいいた所ですが、今は工場部門で500人強の職場になっていると思います。

ＪＲ東日本は1994（平成6）年から旧新津工場を母体にした「新津車両製作所」を発足させ、新車の製造に乗り出した。国鉄時代は車両メーカー育成の狙いもあって、車両新製は外部に発注、工場では保守・検修と改造を分担していた方針を転換した。

初代の副社長を務めた山之内秀一郎氏によれば、ＪＲ発足後に各工場を回って意見交換したところ、「改造だけでは士気が上がらない。ぜひ新車をやりたい」という希望が非常に強かったという（同氏著『新幹線がなかったら』より）。また会長に迎えられた山下勇氏は三井造船でエンジン技術者だった経験から、基幹技術を自社が育てていくことの重要性を力説したという。

――改造とはいえ、戦後の鋼体化改造やオハネ17のように車体を新造した例もありました。それでも車両の新製はかなりハードルが高かったのですか。

新津車両製作所で製造中の209系

白川　大船工場などは相模線の205系や209系の一部を製作したということはありましたが、実際は車体の部品を買ってきて組み立てるノックダウンということで、本当の製作ではありませんでした。車両を素材から作り上げるとなると台枠をひずみなく溶接する技術とか、いわゆる設計図面とは違った製作図面が現場には必要です。例えば部品を折り曲げたときに折り曲げによって伸び縮みが出ますから、そういうことも考慮した図面というのが必要になります。

新津は209系以降、ステンレス車両を効率的に製作するというコンセプトで、ロボットなどの最新の技術を入れた製造ラインを持っています。

台車も24時間稼働のロボットで組み立てて製作しています。

――既存の車両メーカーの協力を得ないと、なかなか実現が難しかったわけですね。

白川　工程管理などを含め、自らの技術だけではできないということで既存メーカーに協力を依頼しました。当然のことながらメーカーは自社の発注が減るという懸念でなかなか協力は得られませんでしたが、東急車輛が最終的に技術協力に応じてくれました。生産管理システムなどは三井造船のノウハウを入れています。

東急車輛は関東にある唯一の電車メーカーで、関東の私鉄も含めて立地的には一番有利だったが、他社に比べると力が弱いことは否定できなかった。横浜市金沢区の本社工場はもともと海軍の工廠《こうしょう》で、建物も非常に古く、製造装置もかなり遅れているのが実情だった。財務体質もやや弱いところがあり、東急車輛には生き残りに向けたひとつの思惑があったようだ。この問題をきっかけに両社の関係が緊密になると、ＪＲ東日本は新幹線車両などの一部を東急車輛に発注するなど、協力に応える形もとっていく。東急車輛も自社で台車試験装置などを導入して新幹線車両を作れる態勢を整える。

２０１２（平成24）年にＪＲ東日本は東急車輛を買収し、株式会社総合車両製作所

として新発足させる。２０１４（平成26）年にはＪＲの一部門だった新津車両製作所を会社分割によって総合車両製作所と統合、同社の新津事業所として再編した。

――新津の技術レベルは年々向上して、ＪＲ東日本にとって中核工場になります。

白川　現在は１日１両ペースで年間２５０両の製作能力があります。それからＥ２３１系を作ったときには基本設計の一部を担当し、それまではメーカーから図面を買ったりしていたのですが、自前で設計できるようになりました。ＪＲ東日本の検修現場と情報ネットワークで設計情報を共有しており、現場でのいろいろな問題をフィードバックすることもしています。ただし、ラインに乗りにくいグリーン車や一部の特殊な車両は、旧東急車輌を含めた既存のメーカーに発注しています。今後、総合車両製作所になったことでメーカー内の役割分担の整理が進んでいくだろうと思っています。

――そもそもなぜ新津工場が選ばれたのでしょう。国鉄時代は客車や貨車を担当する地味な存在でしたが。

白川　いろいろな側面から検討した結果、新津が最適と判断されたのではないでしょうか。新潟支社の強い引きもあったと思います。新津は何といっても鉄道の町でしたから。

――山下会長は「自社で技術を持っていないとダメだ」というお考えでしたか。

白川　そうでした。非常に技術に対する強い思い入れをもった方でした。その意向を受けて、車両製造技術を社内に持って、新しい技術の開発をコストダウンにつなげるという趣旨で生まれました。

――今は変わってしまいましたが、新津車両製作所時代に新製した車両の製造シールに書いてある製造所名は山下さんの揮毫によるものでした。

白川　山下会長は新津製作所を強くバックアップされていましたし、新津にも山下さん信奉に近い感覚がありました。

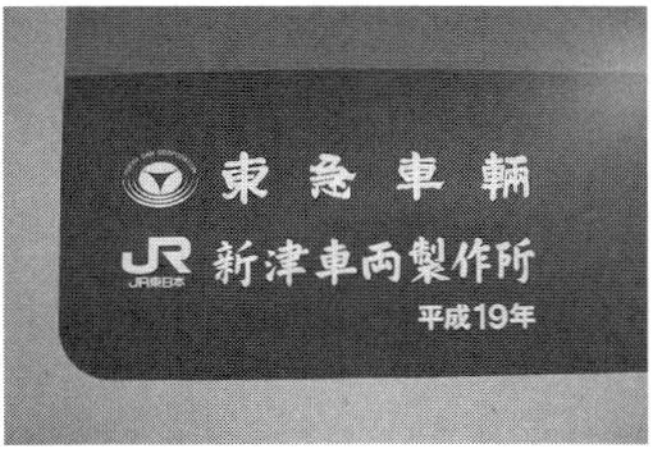

――ここで他の工場のお話を伺います。ＪＲに移行して工場の再編・合理化の議論はどうだったでしょう。

白川　各工場はＪＲになるときに随分と人が減りましたが、それでもまだ余剰人員を抱えていました。議論になったのは新津・土崎・郡山工場それから長野工場の行く末はどうするかということで、地方での雇用確保という問題もあって大事な話でした。この中で新津は車両製造に、土崎工場はディーゼルに特化、郡山工場は東北地区の交流区間の電車工場として役割を分担したのです。長野工場はブレーキシューやブレーキディスクを作る鋳物職場があって特殊な存在です。

――首都圏では大井と大宮は残りましたが大船工場は閉鎖されます。先日、東京総合車両センター（旧大井工場）を見学する機会がありましたが、人が少なくなっているのに驚きました。アルミ車両は塗装していますが、ステンレスの車両は塗装がありません。工場や車両センターにあった塗装職場が閉鎖されているようですね。

白川　もともと大宮・大井・大船の3工場とも塗装場があったのですが、最終的に大船工場を閉鎖する前に一旦、特急車両をすべて大船に集約し、比較的新しい大船工場の車体塗装装置を活用しました。その代わり通勤型車両や数の多い車両は大井と大宮工場に振った訳です。そのうちに新保全体系の導入でメンテナンスの量が減ってきたことで、大船工場を閉鎖して大船電車区と一体化し、塗装車両の担当も大宮に移したという経緯です。

――ここまで、ＪＲ東日本における車両開発の流れを伺ってきました。日本の鉄道は２０２２年に開業１５０周年を迎えますが、この30年は新時代の鉄道に脱皮する画期になったと痛感しました。長時間、ありがとうございました。

おわりに

国鉄型車両の人気が衰えない。ＪＲになって新しい塗色になっていたものを国鉄色に戻すだけで話題になるほどだ。電車で言えば１０３系や１８３系、４８５系をはじめとする国鉄型車両のルーツは約60年前に登場した１０１系や１５１系といってもよく、その後いろいろな改良が加えられたとはいえ基本の構成は変わっていない。長年の伝統に裏打ちされた車両に風格と郷愁を感じるのももっともかもしれない。

一方、ＪＲ東日本になって毎年のように新しいコンセプトの新形式車が登場し話題を集めている。これは民間会社になって、良い商品、良いサービスで稼ごうという積極的な経営の意思の表れといってもよい。車両はダイヤと並んで商品の代表格だからだ。

私は国鉄入社２年目の１９７２（昭和47）年に、当時の長野鉄道管理局長野運転所で振り子電車の検修担当を命じられ、５９１系試験電車を使った検証試験とその量産車３８１系の訓練運転や現場教育用の資料・マニュアル作りなどの受け入れ準備をした。画期的な車両だっただけに翌年７月の営業運転開始後も数えきれないほどのトラブルがあり、文字通り寝食を忘れての日々が続いたが、その体験が鉄道人生の原点になった。

その後も電車区長や運転局の電車検修担当補佐、東京南鉄道管理局の電車課長など、電車に近いところでの仕事に恵まれた。

ＪＲ東日本になって会社の雰囲気も大きく変わり、何事にも積極的に取り組む風土が急速に芽生え、また、いわゆる運転部門と車両部門が一体化し、自分自身も車両開発にさらに主体的にかかわることができるようになった。そうしたなかで、乗客サービスの向上、新技術へのチャレンジ、そして使い勝手の良さという3つの視点を忘れてはならないという思いを強く持ってきた。

本書はＪＲ東日本30年の車両開発の流れを、個々の車両の解説は簡単にとどめ、主にその誕生の背景、たとえばその時々の経営の要請や技術の動向などに焦点を当てて述べることにした。新型車両には担当者の熱意や製造メーカーの知恵と工夫が込められていることも知っていただきたいと思う。また、チャレンジしたものの実用化に至らなかったり、後から改修を余儀なくされた事例にも触れてある。時には批判的に論じて耳障りに思われる方もいると思うがご容赦願いたい。

この30年間、交流モーターをＶＶＶＦインバータで制御する技術が定着し、鉄道車両の変革がもたらされた。そして今、ＩｏＴやＡＩが幅を利かす時代になって車両開発の在り方も大きく変わっていく。自動運転もごく当たり前の時代になるかもしれない。車両開発に携わる方々がこれからもますますチャレンジ精神を発揮して歴史に残る車両を生みだしてくれることを期待したい。

本書の執筆に当たっては多くの方からお話を伺った。特に、長年にわたり車両開発をリードされてきた由川透氏、佐藤裕氏、宮下直人氏、野元浩氏、現役で車両技術センター所長の照井英之氏、新幹線総合車両センター所長の田口眞弘氏、同副所長の白石仁史氏、E351系を運転した経験のある六岡裕介氏からは貴重な助言や資料をいただいた。新幹線総合車両センターでは、普段見られない新幹線の台車の撮影にもご協力いただいた。

最後に本書の編集にご尽力いただいた交通新聞クリエイト社の林房雄氏、邑口享氏に心から感謝申し上げる。

白川保友

一般用電車（交流・交直流）

形式	E501系	E531系	701系	701系1500番代
製造初年	1995年	2005年	1993年	1998年
車体の材料	軽量ステンレス	軽量ステンレス グリーン車2階建	軽量ステンレス	軽量ステンレス
台車形式	DT61、TR246 軸梁式	DT71、TR255 軸梁式 駐車ブレーキ（Tc）	DT61、TR246 軸梁式	DT61、TR246 軸梁式
制御方式	VVVFインバータ（GTO）	VVVFインバータ（IGBT）	VVVFインバータ（GTO）	VVVFインバータ （CON：IGBT、INV：GTO）
主電動機	MT70　120KW	MT75　140KW	MT65　125KW	MT65　125KW
ブレーキ	回生・発電ブレーキ併用 電気指令式空気ブレーキ	回生・発電ブレーキ併用 電気指令式空気ブレーキ	発電ブレーキ併用 電気指令式空気ブレーキ	回生ブレーキ併用 電気指令式空気ブレーキ
最高運転速度	120km/h	130km/h	110km/h	110km/h
情報装置		TIMS		

形式	701系5000番代 （田沢湖線用）	701系5500番代 （奥羽線用）	719系	E721系
製造初年	1996年	1999年	1989年	2006年
車体の材料	軽量ステンレス	軽量ステンレス	軽量ステンレス	軽量ステンレス
台車形式	DT63、TR248 軸梁式（標準軌）	DT63、TR252 軸梁式（標準軌）	DT32、TR69 ペデスタル方式	DT72、TR256 軸梁式
制御方式	VVVFインバータ（GTO）	VVVFインバータ （GTO/IGBT）	サイリスタ位相制御 界磁制御	VVVFインバータ（IGBT） 台車単位制御
主電動機	MT65　125KW	MT65　125KW	MT61　125KW	MT76　125KW
ブレーキ	発電ブレーキ併用 電気指令式空気ブレーキ	回生ブレーキ併用 電気指令式空気ブレーキ	回生ブレーキ併用 電気指令式空気ブレーキ	回生ブレーキ併用 電気指令式空気ブレーキ
最高運転速度	110km/h	110km/h	110km/h	120km/h
情報装置				

※製造初年は、ＪＲ東日本に新製・配置された年を示す。営業運転を開始した年とは異なる場合がある。
諸元は原則として製造当時のもので、後に改造されたものもある。台車は719系と200系新幹線電車を除いてボルスタレス台車。

代表車両主要諸元表

一般用電車（直流）

形式	205系	209系	211系	215系
製造初年	1985年	1993年	1985年	1992年
車体の材料	軽量ステンレス	軽量ステンレス	軽量ステンレス	軽量ステンレス 中間車2階建
台車形式	DT50、TR235 ウイングばね式（積層ゴム）	DT61、TR246 軸梁式	DT50、TR235 ウイングばね式（積層ゴム）	DT56、TR241 ウイングばね式（積層ゴム） アンチローリング付
制御方式	抵抗制御直並列組合制御 界磁添加励磁制御	VVVFインバータ（GTO）	抵抗制御直並列組合制御 界磁添加励磁制御	抵抗制御直並列組合制御 界磁添加励磁制御
主電動機	MT61　120KW	MT68　95KW	MT61　120KW	MT61　120KW
ブレーキ	回生ブレーキ併用 電気指令式空気ブレーキ	回生ブレーキ併用 電気指令式空気ブレーキ	回生ブレーキ併用 電気指令式空気ブレーキ	回生ブレーキ併用 電気指令式空気ブレーキ
最高運転速度	100km/h	110km/h	110km/h	120km/h
情報装置				

形式	E217系	E231系（通勤タイプ）	E231系（近郊タイプ）	E233系
製造初年	1994年	2000年	2000年	2006年
車体の材料	軽量ステンレス グリーン車2階建	軽量ステンレス	軽量ステンレス グリーン車2階建	軽量ステンレス
台車形式	DT61、TR246 軸梁式	DT61、TR246 軸梁式 駐車ブレーキ（Tc）	DT61、TR246 軸梁式 駐車ブレーキ（Tc）	DT71、TR255 軸梁式 駐車ブレーキ（Tc）
制御方式	VVVFインバータ（GTO）	VVVFインバータ（IGBT）	VVVFインバータ（IGBT）	VVVFインバータ（IGBT）
主電動機	MT68　95KW	MT73　95KW	MT73　95KW	MT75　140KW
ブレーキ	回生ブレーキ併用 電気指令式空気ブレーキ	回生ブレーキ併用 電気指令式空気ブレーキ	回生ブレーキ併用 電気指令式空気ブレーキ	回生ブレーキ併用 電気指令式空気ブレーキ
最高運転速度	120km/h	120km/h	120km/h	120km/h
情報装置		TIMS	TIMS	TIMS

形式	E233系（近郊タイプ）	E235系	E127系	E129系
製造初年	2007年	2015年	1995年	2014年
車体の材料	軽量ステンレス グリーン車2階建	軽量ステンレス	軽量ステンレス	軽量ステンレス
台車形式	DT71、TR255 軸梁式 駐車ブレーキ（Tc）	DT80、TR264 軸梁式 駐車ブレーキ（Tc）	DT61、TR246 軸梁式	DT71、TR255 軸梁式
制御方式	VVVFインバータ（IGBT）	VVVFインバータ （MOSFET、IGBT）	VVVFインバータ（IGBT） 台車単位制御	VVVFインバータ（IGBT） 台車単位制御
主電動機	MT75　140KW	MT79	MT71　120KW	MT75　140KW
ブレーキ	回生ブレーキ併用 電気指令式空気ブレーキ	回生ブレーキ併用 電気指令式空気ブレーキ	回生・発電ブレーキ併用 電気指令式空気ブレーキ	回生・発電ブレーキ併用 電気指令式空気ブレーキ
最高運転速度	120km/h	120km/h	110km/h	110km/h
情報装置	TIMS	INTEROS		

新幹線電車

形式	200系	400系	E1系	E2系
製造初年	1980年	1990年	1994年	1995年
車体の材料	アルミ合金	スチール	スチール 2階建	アルミ合金
台車形式	DT201、TR7002 IS式、ボルスタ付	DT204、TR7006 片側2枚支持板式	DT205、TR7003 片側2枚支持板式	DT206、TR7004 片側2枚支持板式
制御方式	サイリスタ位相制御 サイリスタチョッパ制御 (ブレーキ時)	サイリスタ位相制御 サイリスタチョッパ制御 (ブレーキ時)	VVVFインバータ(GTO)	VVVFインバータ (GTO/IGBT)
主電動機	MT201 230KW	MT203 210KW	MT204 410KW	MT205 300KW
ブレーキ	発電ブレーキ併用電気指令式 電気指令式空気ブレーキ	発電ブレーキ併用電気指令式 電気指令式空気ブレーキ	回生ブレーキ併用 電気指令式空気ブレーキ	回生ブレーキ併用 電気指令式空気ブレーキ
最高運転速度	240k/h(一部275k/h) (一部275k/h)	240km/h 130km/h(在来線)	240km/h	275km/h
情報装置				

形式	E2系1000番代	E3系	E3系1000番代	E3系2000番代
製造初年	2001年	1995年	1999年	2008年
車体の材料	アルミダブルスキン	アルミ合金	アルミ合金	アルミ合金
台車形式	DT206、TR7004 片側2枚支持板式 フルアクティブ制御 (Tc、Ms、Tc')	DT207、TR7005 片側2枚支持板式 フルアクティブ制御 (Mc、Msc)	DT207、TR7005 片側2枚支持板式 フルアクティブ制御 (Mc、Msc)	DT207、TR7005 片側2枚支持板式 フルアクティブ制御 (Mc、Msc)
制御方式	VVVFインバータ(IGBT)	VVVFインバータ(GTO)	VVVFインバータ (GTO/IGBT)	VVVFインバータ(IGBT)
主電動機	MT205 300KW	MT207 300KW	MT205 300kW	MT205 300kW
ブレーキ	回生ブレーキ併用 電気指令式空気ブレーキ	回生ブレーキ併用 電気指令式空気ブレーキ	回生ブレーキ併用 電気指令式空気ブレーキ	回生ブレーキ併用 電気指令式空気ブレーキ
最高運転速度	275km/h	275km/h 130km/h(在来線)	275km/h 130km/h(在来線)	275km/h 130km/h(在来線)
情報装置				

形式	E4系	E5系	E6系	E7系
製造初年	1998年	2009年	2010年	2014年
車体の材料	アルミ合金 2階建	アルミダブルスキン	アルミダブルスキン	アルミダブルスキン
台車形式	DT208、TR7007 片側2枚支持板式	DT209、TR7008 片側2枚支持板式 空気ばね車体傾斜 フルアクティブ制御	DT210、TR7009 片側2枚支持板式 空気ばね車体傾斜 フルアクティブ制御	DT211、TR7010 片側2枚支持板式 フルアクティブ制御(Tsc)
制御方式	VVVFインバータ(IGBT)	VVVFインバータ(IGBT)	VVVFインバータ(IGBT)	VVVFインバータ(IGBT)
主電動機	MT206 420KW	MT207 300KW	MT207 300KW	MT207 300KW
ブレーキ	回生ブレーキ併用 電気指令式空気ブレーキ	回生ブレーキ併用 電気指令式空気ブレーキ	回生ブレーキ併用 電気指令式空気ブレーキ	回生ブレーキ併用 電気指令式空気ブレーキ
最高運転速度	240km/h	320km/h	320km/h 130k/h(在来線)	260km/h
情報装置		S-TIMS	S-TIMS	S-TIMS

特急用電車

形式	251系	253系	255系	E257系
製造初年	1990年	1990年	1993年	2001年
車体の材料	スチール ハイデッカー・2階建	スチール	スチール	アルミダブルスキン
台車形式	DT56、TR241 ウイングばね式（積層ゴム） アンチローリング付	DT56、TR241 ウイングばね式（積層ゴム）	DT56、TR241 ウイングばね式（積層ゴム）	DT64、TR249 軸梁式
制御方式	直並列組合せ抵抗制御 界磁添加励磁制御	直並列組合せ抵抗制御 界磁添加励磁制御	VVVFインバータ（GTO）	VVVFインバータ（IGBT）
主電動機	MT61　120KW	MT61　120KW	MT67　95KW	MT72　145KW
ブレーキ	回生ブレーキ併用 電気指令式空気ブレーキ	回生ブレーキ併用 電気指令式空気ブレーキ	回生ブレーキ併用 電気指令式空気ブレーキ	回生・発電ブレーキ併用 電気指令式空気ブレーキ
最高運転速度	120km/h	130km/h	130km/h	130km/h
情報装置				TIMS

形式	E259系	E351系	E353系	651系
製造初年	2009年	1993年	2015年	1988年
車体の材料	アルミダブルスキン	スチール	アルミダブルスキン	スチール 軽量ステンレス
台車形式	DT77、TR262 軸梁式 フルアクティブ制御（Tsc、Tc'）	DT62、TR247 円筒案内式 コロ式制御付き振り子	DT82、DT81、TR265 軸梁式 フルアクティブ制御 空気ばね車体傾斜	DT56、TR241 ロールゴム軸ばね
制御方式	VVVFインバータ（IGBT）	VVVFインバータ （GTO/IGBT）	VVVFインバータ（IGBT）	直並列組合せ抵抗制御 界磁添加励磁制御
主電動機	MT75　140KW	MT69　150KW	MT75　140KW	MT61　120KW
ブレーキ	回生ブレーキ併用 電気指令式空気ブレーキ	回生・発電ブレーキ併用 電気指令式空気ブレーキ	回生・発電ブレーキ併用 電気指令式空気ブレーキ	回生ブレーキ併用 電気指令式空気ブレーキ
最高運転速度	130km/h	130km/h	130km/h	130km/h
情報装置	TIMS		TIMS	

形式	E653系	E655系	E657系	E001形　四季島
製造初年	1997年	2007年	2011年	2016年
車体の材料	アルミダブルスキン	アルミダブルスキン	アルミダブルスキン	軽量ステンレス アルミダブルスキン
台車形式	DT64、TR249 軸梁式	DT76、TR261 軸梁式	DT78、TR263 軸梁式 フルアクティブ制御 （Tc、Tc'、Ts）	DT83、DT84、 TR266、TR267 軸梁式 フルアクティブ制御（中間車）
制御方式	VVVFインバータ（IGBT）	VVVFインバータ（IGBT）	VVVFインバータ（IGBT）	VVVFインバータ（IGBT） DML57Z−G（走行電源用機関）
主電動機	MT72　145KW	MT75　140KW	MT75　140KW	MT75　140KW
ブレーキ	回生ブレーキ併用 電気指令式空気ブレーキ	回生ブレーキ併用 電気指令式空気ブレーキ	回生ブレーキ併用 電気指令式空気ブレーキ	回生ブレーキ併用 電気指令式空気ブレーキ
最高運転速度	130km/h	130km/h	130km/h	110km/h
情報装置		TIMS	TIMS	TIMS

気動車

形式	キハ100系	キハ110系	キハE120形	キハE130系
製造初年	1990年	1990年	2008年	2006年
車体の材料	スチール	スチール	軽量ステンレス	軽量ステンレス
台車形式	DT59、TR248 ウイングばね式（積層ゴム）	DT58、TR242 ウイングばね式（積層ゴム）	DT74、TR251 軸梁式	DT74、TR251 軸梁式
制御方式				
主電動機				
エンジン	DMF11HZ　330ps	DMF13HZ　420ps	DMF15HZ　450ps	DMF15HZ　450ps
ブレーキ	電気指令式空気ブレーキ 機関・コンバータブレーキ	電気指令式空気ブレーキ 機関・コンバータブレーキ	電気指令式空気ブレーキ 機関・排気ブレーキ	電気指令式空気ブレーキ 機関・排気ブレーキ
最高運転速度	100k/m	100km/h	100km/h	100km/h

ハイブリッド気動車／蓄電池車電車

形式	キハE200形	HB-E300系	EV-E301系	EV-E801系
製造初年	2007年	2010年	2013年	2016年
車体の材料	軽量ステンレス	軽量ステンレス	軽量ステンレス	アルミダブルスキン
台車形式	DT75、TR260 軸梁式	DT75、TR260 軸梁式	DT79、TR255 軸梁式	DT85、TR268 ウイングばね式 （円錐積層ゴム）
制御方式	VVVFインバータ（IGBT）	VVVFインバータ（IGBT）	VVVFインバータ（IGBT）	VVVFインバータ（IGBT）
主電動機	MT78　95KW	MT78　95KW	MT78　95KW	MT90　95KW
エンジン	DMF15HZB-G　450ps	DMF15HZB-G　450ps	リチウムイオンバッテリー	リチウムイオンバッテリー
ブレーキ	回生ブレーキ併用 電気指令式空気ブレーキ 機関・排気ブレーキ	回生ブレーキ併用 電気指令式空気ブレーキ 機関・排気ブレーキ	回生ブレーキ併用 電気指令式空気ブレーキ	回生ブレーキ併用 電気指令式空気ブレーキ
最高運転速度	100km/h	100km/h	100km/h	110km/h

客車

形式	E26系
製造初年	1999年
車体の材料	軽量ステンレス 2階建
台車形式	TR250、TR251 軸梁式
制御方式	
主電動機	
エンジン	
ブレーキ	電気指令式ブレーキ及び 自動空気ブレーキ
最高運転速度	110km/h

HB-E300系
リゾートしらかみ
青池編成

HB-E300系
リゾートしらかみ
橅編成

HB-E300系
リゾートあすなろ
編成

※機関車および事業用・試験用車両を除く。各年とも4月1日現在の在籍両数を示す。

2001	2002	2003	2004	2005	2006	2007	2008	2009	2010	2011	2012	2013	2014	2015	2016	2017
2	2	2	2	2	2	1	1	1	1	1	1	1	1	1	1	
2	2	2	2	2	2	1										
6	6	2	2	2												
1051	939	605	331	146	31	4	4	4								
54	54	54	54	54	54	54	54	54	54	54	54	54	38	38	38	
785	785	785	785	785	774	622	160	65	61	41	1	1	1	1	1	1
170	170	170	170	170	170	170	170	170	170	90						
1413	1413	1413	1413	1413	1413	1413	1413	1407	1403	1314	1267	1267	956	699	567	557
10	10	10	10	10	10	10	10	10								
1028	1028	1028	1028	1036	1036	1036	933	723	562	556	556	556	556	538	538	538
50	50	40														
804	773	773	773	725	408	272	260	250	182	70						
934	730	608	589	536	504	499	495	495	495	495	495	495	475	331	250	106
1	1	1	1	1	1	1	1	1	1	1	1	1				
50	50	50	50	50	50	50	50	50	50	50	50	50	50	28	28	28
														24	108	160
575	575	575	575	579	597	575	575	575	575	575	531	462	346	334	332	331
40	40	40	40	40	40	40	40	40	40	40	40	40	40	40	40	40
745	745	745	745	745	745	745	745	745	745	745	745	745	745	745	745	745
535	953	1358	1690	2235	2532	2632	2632	2632	2640	2640	2632	2632	2632	2628	2628	2628
						230	823	1183	1578	1838	2163	2438	2842	3083	3197	3205
														11	11	11
					14	14	14	14	14	14	14	14	14			
													2	2	2	8
40	40	40	40	40	23	15	1									
303	303	303	303	303	277	233	148	80	72	72	72	72	72	64	44	20
15	15	15	15	15	15	15	12									
60	60	60	60	60	60	60	60	60	60	60	60	60	60	60	60	60
				15	120	300	300	300	300	310	310	310	310	355	375	390
266	266	256	256	256	256	256	256	256	256	242	242	242	242	242	242	242
30	30	30	30	30	30	27	3									
108	108	108	108	108	108	108	108	108	108	108	108	108	108	108	108	96
					2	50	86	86	86	92	92	92	92	92	92	168
																2

形式別両数の推移

一般用電車

形式	1987	1988	1989	1990	1991	1992	1993	1994	1995	1996	1997	1998	1999	2000
クモハ12	2	2	2	2	2	2	2	2	2	2	2	2	2	2
クモハ40	1	2	2	2	2	2	2	2	2	2	2	2	2	2
101系	210	210	177	119	67	19	6	6	6	6	6	6	6	6
103系	2418	2418	2389	2359	2206	2116	2053	1977	1841	1732	1638	1487	1348	1282
105系	4	4	4	4	4	4	4	4	4	4	4	2	2	
107系			26	46	54	54	54	54	54	54	54	54	54	54
201系	794	794	788	785	785	785	785	785	785	785	785	785	785	785
203系	170	170	170	170	170	170	170	170	170	170	170	170	170	170
205系	340	490	733	1029	1295	1386	1387	1387	1413	1413	1413	1413	1413	1413
207系	10	10	10	10	10	10	10	10	10	10	10	10	10	10
209系								256	386	532	718	838	938	1038
301系	56	56	56	56	56	56	56	56	56	56	56	50	50	50
901系						30	30							
113系	1566	1579	1587	1585	1585	1548	1524	1506	1483	1388	1291	1150	1029	852
115系	1186	1178	1176	1172	1140	1105	1088	1076	1072	1058	1058	1023	1018	1018
123系	1	1	1	1	1	1	1	1	1	1	1	1	1	1
E127系									12	26	26	26	50	50
E129系														
211系	250	270	360	430	515	575	575	575	575	575	575	575	575	575
215系						10	10	40	40	40	40	40	40	40
E217系									30	180	315	450	600	745
E231系														75
E233系														
E235系														
E331系														
EV-E301系														
403系・401系	92	92	92	92	77	65	53	53	53	53	53	40	40	40
415系	247	247	255	271	303	303	303	303	303	303	303	303	303	303
417系	15	15	15	15	15	15	15	15	15	15	15	15	15	15
E501系									5	15	60	60	60	60
E531系														
701系							20	89	150	194	214	228	228	248
715系	60	60	60	60	60	60	60	60	60	40	36	20		
717系	24	30	30	30	30	30	30	30	30	30	30	30	30	30
719系				18	62	108	108	108	108	108	108	108	108	108
E721系														
EV-E801系														

2001	2002	2003	2004	2005	2006	2007	2008	2009	2010	2011	2012	2013	2014	2015	2016	2017
64	55	55														
35	35	35														
21	15	12														
1	1	1	1	1	1	1	1	1	1	1	1	1	1	1	1	1
209	195	184	153	129	61	49	47	43	43	43	43	43	8	6		
227	227	227	227	227	227	227	227	227	227	227	227	227	219	187	167	157
124	118	107	107	91	85	85	83	60	51	51	45	45	34	34	24	24
40	40	40	40	40	40	40	40	40	40	40	40	40	40	40	40	40
99	99	111	111	111	111	111	111	111	93	12	12	12	12	12	12	12
45	45	45	45	45	45	45	45	45	45	45	45	45	45	45	45	45
	78	154	154	204	249	249	249	249	249	249	249	249	249	249	249	249
									96	132	132	132	132	132	132	132
60	60	60	60	60	60	60	60	60	60	60	60	60	60	60	60	60
															12	12
120	107	96	93	93	93	80	31									
8	8	8	8	8	8	8	8									
281	258	250	242	237	237	227	226	224	224	224	201	191	173	135	97	75
2	2	2	2	2	2	2	2	2	2							
24	24	24	15	15	15	12	12	12	12	12	6	6	6	6	6	6
99	99	99	99	99	99	99	99	99	99	99	99	99	95	95	87	87
68	68	68	68	72	72	72	72	72	72	72	72	72	72	72	72	72
							6	6	6	6	6	6	6	6	6	6
											70	160	160	170	170	170
18	18	18	18	18	18	18	18	18	18	18	18	18	18	18	12	12
																10

特急・急行用電車

形式	1987	1988	1989	1990	1991	1992	1993	1994	1995	1996	1997	1998	1999	2000
165系	254	238	217	187	163	151	128	118	114	99	96	90	65	65
167系	35	35	35	35	35	35	35	35	35	35	35	35	35	35
169系	78	78	78	78	78	78	78	78	78	78	72	63	42	30
157系	1	1	1	1	1	1	1	1	1	1	1	1	1	1
183系	348	343	343	339	338	338	338	338	323	294	285	245	212	209
185系	227	227	227	227	227	227	227	227	227	227	227	227	227	227
189系	184	184	184	181	174	174	174	174	174	174	166	162	131	124
251系					20	40	40	40	40	40	40	40	40	40
253系					63	63	81	81	93	93	99	99	99	99
255系							9	18	45	45	45	45	45	45
E257系														
E259系														
E351系								24	24	60	60	60	60	60
E353系														
451系	31	29	29	28										
453系	32	28	28	26	21	9								
455系	163	163	163	163	161	155	144	138	132	129	129	129	129	129
457系	8	8	8	8	8	8	8	8	8	8	8	8	8	8
485系	433	431	433	401	378	376	368	366	359	359	359	340	324	294
489系	28	27	27	27	29	29	29	29	29	29	29	4	4	4
583系	141	141	141	141	136	136	136	136	132	96	87	82	69	51
651系			47	88	88	99	99	99	99	99	99	99	99	99
E653系												28	68	68
E655系														
E657系														
E751系														18
E001形														

2001	2002	2003	2004	2005	2006	2007	2008	2009	2010	2011	2012	2013	2014	2015	2016	2017
490	384	316	264	168	134	122	110	110	110	110	80	30				
84	84	84	84	84	84	84	84	56	7							
72	72	72	72	72	72	72	72	72	72	72	72					
224	224	252	252	252	252	252	252	252	252	252	252	252	232	132	106	86
8	8	60	150	150	190	190	190	190	210	250	250	250	250	250	250	250
102	102	120	138	138	156	156	156	156	156	156	156	156	49	24	12	12
14	14	14	14	14	21	21	21	21	21	21	21	21	21	21	21	21
								49	84	84	84	84	84	84	84	84
														6	12	12
152	192	192	208	208	208	208	208	208	208	208	208	208	192	192	192	185
									10	40	110	240	280	280	310	330
										7	7	42	161	168	168	168
													60	192	216	216

2001	2002	2003	2004	2005	2006	2007	2008	2009	2010	2011	2012	2013	2014	2015	2016	2017
14	6															
31	21	13	13	13	13	13	13	13	13	13	13	13	13	13	13	13
18	12	12	12	12	12	6	6	2	2	2	2	2	2	2		
50	31	20														
26	25	25	23	23	23	23	23	23	23	7	7	7				
181	179	179	154	154	154	123	122	91	89	89	88	82	78	73	18	5
13	13	13	13	13	13	13	13	13	13	13	13	13	13	13	13	13
2																
7	7	7	7	7	7	7	7	7	7	7	7	7	7	7	7	7
2	2	2	2	2	1	1	1	1	1	1	1	1	1	1	1	1
14	14	13	11	10	9	8	8	6	6	5	5	5	5	5	5	5

新幹線電車

形式	1987	1988	1989	1990	1991	1992	1993	1994	1995	1996	1997	1998	1999	2000
200系	688	688	688	688	700	700	700	700	700	700	700	684	620	546
400系					6	30	72	72	72	84	84	84	84	84
E1系									36	72	72	72	72	72
E2系										16	64	152	184	224
E2系1000番代														
E3系									5	5	80	80	102	102
E3系1000番代														14
E3系2000番代														
E3系700番代														
E4系												24	48	80
E5系														
E6系														
E7系														

客車

形式	1987	1988	1989	1990	1991	1992	1993	1994	1995	1996	1997	1998	1999	2000
12系ジョイフル	50	50	50	50	50	50	50	50	50	44	44	38	38	32
12系座席車	169	168	168	167	167	167	167	167	152	117	90	66	47	25
14系ジョイフル	13	13	13	13	13	13	13	13	13	19	19	19	19	19
14系座席車	136	136	136	135	135	135	135	135	135	114	111	110	94	85
14系寝台車	69	69	69	69	69	69	69	69	69	69	56	53	36	34
20系寝台車	34	34	34	34	34	34	34	24	11	8				
24系寝台車	241	244	248	250	250	250	250	250	250	249	249	245	219	209
E26系														13
50系	340	340	328	328	328	330	330	229	143	76	15	2	2	2
スロ80・スロフ81	6	6	6	6	6									
ナハフ11	3	3	2	2	2	2	2	2	2					
旧型客車	14	14	14	14	14	14	12	11	11	11	11	11	11	9
スユニ50	3	3	3	3	3	3	3	3	2	2	2	2	2	2
オニ50			10	10	10	8	8	4	4	4				
オニフ50			2	2	2	2	2	2	2	2				
マニ50	31	31	31	30	30	30	30	30	28	28	25	24	23	17
マニ36	8	8	1	1	1	1	1	1	1					

2001	2002	2003	2004	2005	2006	2007	2008	2009	2010	2011	2012	2013	2014	2015	2016	2017
11	11	9	9	9	9	9	7	2	1	1	1	1	1	1	1	1
36	33	27	27	27	27	27	10	5	3	3	3	3	3	3	3	3
2	2	2	2	2	1	1	1	1	1	1						
4	4	4	4	4	2	2	2	2	2	2						
111	109	104	105	105	101	100	100	100	100	100	100	98	97	95	82	81
1	1	1														
28	28	28	28	27	27	27	27	27	26	26	26	26	23	23	23	23
69	69	72	74	74	76	75	75	75	73	69	69	69	69	69	63	61
2	2	2														
3	3	3	3	3	3	3	3	3	3	3	3	3				
7	7	7	7	7	7	7	7	7	7	7	7	1				
3	3	3	3	3	3	3	3	3	3	3	3	2				
24	24	24	24	24	24	24	7	7	7	7						
													1	1	1	1
													1	1	1	1
													2	2	2	2
51	51	51	51	51	51	51	51	51	51	51	47	47	47	47	47	47
13	13	13	13	13	13	13	13	13	13	13	13	13	13	13	13	13
89	89	89	89	89	89	89	89	89	89	89	89	89	89	89	89	89
47	47	47	47	47	47	47	47	47	47	47	47	47	47	47	47	47
47	47	47	47	47	47	47	47	47	47	47	47	47	46	46	46	46
													1	1	1	1
								8	8	8	8	8	8	8	8	8
						12	13	13	13	13	13	23	23	23	23	23
						12	26	26	26	26	26	26	26	26	26	26
							3	3	3	3	3	3	3	3	3	3
														16	16	16
										4	4	4	4	4	4	5
										4	4	4	4	4	4	5
										2	2	2	2	2	2	4

気動車

形式	1987	1988	1989	1990	1991	1992	1993	1994	1995	1996	1997	1998	1999	2000
キハ28	79	79	79	75	65	60	50	49	47	36	30	24	21	14
キハ58	232	232	232	230	229	226	165	123	117	97	83	68	62	45
キロ29	3	3	3	4	4	3	3	3	3	3	3	2	2	1
キロ59	6	6	5	7	7	6	6	6	6	6	6	4	4	2
キハ29														1
キハ59														2
キハ40	117	117	117	117	117	117	117	117	116	116	116	116	114	113
キロ40									1	1	1	1	1	1
キハ47	28	28	28	28	28	28	28	28	28	28	28	28	28	28
キハ48	74	74	74	74	74	74	74	74	72	72	71	71	69	69
キロ48									2	2	2	2	2	2
キハ37					3	3	3	3	3	3	3	3	3	3
キハ38	7	7	7	7	7	7	7	7	7	7	7	7	7	7
キハ23	11	11	11	11	11	11	11	11	11	11	11	11	8	4
キハ45	25	25	25	25	20	9								
キハ53	2	2	2	2	2	2	2	2	2	2	2	2	2	1
キハ30	43	43	43	43	43	37	34	32	32	27	7	7	6	4
キハ35	46	46	46	45	42	30	23	20	20	15	3			
キハ20	11	11	6	6										
キハ22	54	54	54	45	32	20								
キハ52	30	30	30	30	30	30	28	28	28	27	27	27	27	24
キハ142														
キハ143														
キサハ144														
キハ100				4	8	46	46	51	51	51	51	51	51	51
キハ101								6	11	11	13	13	13	13
キハ110				3	9	44	54	64	64	80	80	80	83	89
キハ111					11	24	24	27	29	38	38	38	43	47
キハ112					11	24	24	27	29	38	38	38	43	47
キクシ112														
キハE120														
キハE130														
キハE131・132														
キハE200														
HB-E211・212														
HB-E301														
HB-E302														
HB-E300														

白川保友（しらかわやすとも）

1971年、国鉄入社。長野運転所助役（381系担当）、勝田電車区長、蒲田電車区長、運転局車務課補佐（電車検修）、東京南鉄道管理局電車課長など、主として電車関係の仕事に従事。1987年、東日本旅客鉄道入社。広報課長、東京地域本社運輸車両部長、取締役鉄道事業本部運輸車両部長、常務取締役鉄道事業本部副本部長などを歴任。2004年よりセントラル警備保障（株）。社長、会長を経て現在は取締役相談役。

和田　洋（わだひろし）

1950年生まれ。神奈川県藤沢市で東海道本線の優等列車を見ながら育つ。1974年、東京大学文学部卒。新聞社勤務を経て現在は会社役員。子どものころから鉄道車両、とくに客車を愛好し、鉄道友の会客車気動車研究会会員。著書に『「阿房列車」の時代と鉄道』（交通新聞社・2015年鉄道友の会島秀雄記念優秀著作賞）、『客車の迷宮』（交通新聞社新書）などがある。

交通新聞社新書118

JR東日本はこうして車両をつくってきた

多種多様なラインナップ誕生の舞台裏

（定価はカバーに表示してあります）

2017年12月15日　第1刷発行

著　者――白川保友・和田　洋

発行人――横山裕司

発行所――株式会社　交通新聞社

http://www.kotsu.co.jp/

〒101-0062　東京都千代田区神田駿河台2-3-11

NBF御茶ノ水ビル

電話　東京（03）6831-6550（編集部）

東京（03）6831-6622（販売部）

印刷・製本―大日本印刷株式会社

ISBN978-4-330-84517-3